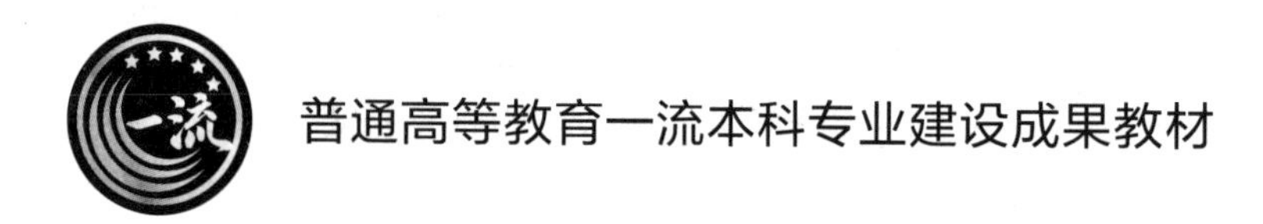

普通高等教育一流本科专业建设成果教材

大学无机化学实验

College Inorganic Chemistry Experiment

第二版

李青云　王 凡　主编

化学工业出版社

·北京·

内容简介

《大学无机化学实验》（第二版）是在第一版的基础上修订而成。全书保留了第一版的章节体系，分为上、下两篇，合计九章，共29个不同培养层次的实验项目。基础训练层次的内容包括绪论、化学实验室基本知识、实验数据记录与处理、无机化学实验的基本操作、常用实验仪器和设备、无机物的制备和提纯、基本常数测定、元素性质实验八个章节；第九章的综合性实验为综合能力和创新能力的培养层次。与第一版相比，第二版优化了教材的内容和结构，增加和拓展了无机化学实验相关知识的深度和广度，有利于进一步培养学生的科学素养，强化和提升学生的综合素质与能力。本书配有数字资源，可扫描书后二维码获取。

《大学无机化学实验》（第二版）内容全面、层次多样，可作为高等学校理、工、农、医学相关专业的无机化学实验、大学化学实验或普通化学实验的通用基础实验教材，也可供有关专业师生和技术人员参考和使用。

图书在版编目（CIP）数据

大学无机化学实验/李青云，王凡主编. —2版. —北京：化学工业出版社，2023.2（2024.8重印）

ISBN 978-7-122-42543-0

Ⅰ.①大… Ⅱ.①李…②王… Ⅲ.①无机化学-化学实验-高等学校-教材 Ⅳ.①O61-33

中国版本图书馆CIP数据核字（2022）第215478号

责任编辑：马泽林　杜进祥　　装帧设计：韩　飞

责任校对：张茜越

出版发行：化学工业出版社（北京市东城区青年湖南街13号　邮政编码100011）

印　　装：三河市双峰印刷装订有限公司

787mm×1092mm　1/16　印张10¼　字数246千字　　2024年8月北京第2版第3次印刷

购书咨询：010-64518888　　售后服务：010-64518899

网　　址：http://www.cip.com.cn

凡购买本书，如有缺损质量问题，本社销售中心负责调换。

定　　价：32.00元

前言

《大学无机化学实验》第一版自2013年出版以来已有10年，在这10年中，我国高等教育教学得到快速发展，教育质量和人才培养质量也相应得到提高。当前，我国高等教育已进入内涵式发展新时期，为适应“双一流”建设对人才培养在综合素质、国际视野、科学精神和创业意识、创造能力等方面所提出的新要求，根据教育部制定的《化学类专业本科教学质量国家标准》和《化学类专业化学实验教学建议内容》，结合近年来对学生的学情分析，笔者对第一版教材进行了修订。第二版的编写原则和主要特点体现如下。

（1）注重并强化培养学生的科学精神和综合素质。实验课程为学生发现问题、提出问题、解决问题提供了最直接的体验，创新源于思考，本次修订将每个实验项目的思考题前置，并且对思考题也做了增减和修改，以利于引导学生带着问题预习。与此同时，对基础训练层次的实验项目，在“实验内容”部分相应增加了对实验操作或者实验现象的提问，通过挖掘实验过程中的科学问题，有利于开展“理论-实践-理论”的闭环教学，进一步强化学生的思考能力，培养学生的科学精神以及提高其综合素质与能力。

（2）注重知识的拓展和创新创造能力的培养。教材充其量只是一滴水，教材之外则是浩瀚的海洋。本次修订对基础训练层次的实验项目新增“课外拓展”板块，引导学生通过查阅文献资料讨论，或者进行课外实验探讨等多种形式，加强其对理论知识的理解与运用，使其不仅能够举一反三，而且可以进一步拓宽知识视野，激发和培养学生的创新创造能力。此外，在“课外拓展”中也涉及课程思政的元素，使得知识在传承的同时能够赋予学生新的思考与力量。

（3）推陈出新，优化教材的内容和结构，使其更有利于学生对无机化学实验的学习与操作。本次修订包括对实验项目的编写结构进行调整、优化，例如将“预习要求”调整至每个实验开头部分；将“离子交换法制备纯水”的实验项目调整顺序至与混合物提纯的其他实验项目在一起。对第5章“常用实验仪器和设备”中的电子天平、pH计、分光光度计等内容进行了与硬件设备一致的同步更新。基于绿色化学的理念，调整了一些有毒有害、对环境影响大的实验试剂及其用量，例如对第8章“元素性质实验”的试剂进行了减量或者替换。此外，对第一版教材中存在的疏漏进行了修改、补充等。

本书编写工作主要由广西大学化学化工学院李青云和王凡完成并最后定稿，参编人员还有韦旭、叶晴岚、莫利书、覃杏珍、周艳玲、梁信源、宋宝玲、李艳琳等课程团队成员。在修订中融合了广西高等教育本科教学改革工程项目（2021JGB118）的部分研究成果，以及广西大学化学化工学院化学教研室全体教师的多年教学实践成果。本次教材修订获得广西大学2022年优质教材倍增计划项目的资助，在修订过程中得到广西大学教务处领导、化学化工学院领导和无机化学前辈教师的指导和支持，同时也听取了一些兄弟院校相关教师的建议，参考并借鉴了同类优秀教材、著作等相关文献资料，在此对参与教材建设的所有贡献者致以衷心的感谢！

由于编者水平和经验有限，书中难免存在疏漏，敬请同行专家及读者批评指正。

编　者

2023 年 2 月

第一版前言

无机化学课程是化学、化工、制药材料、轻工等专业的重要基础课。无机化学实验的主要任务是通过实验教学，加深对无机化学中基本理论和元素性质的理解，掌握基础无机化学实验的基本操作技能，培养学生严谨的科学态度、分析解决问题和创新思维的能力。在以往的教学中，我们发现学生普遍存在着重结果轻过程的现象，实验中只满足按教材完成实验，忽视对实验过程的分析。事实上，规范而熟练的实验技能、分析问题和解决问题的能力才是无机化学实验课程需要培养的重要环节。为此，我们对传统实验内容进行了改革，并编写了本教材，以适应当前教学时数缩减而又倡导开设综合性、设计性实验以培养学生的动手能力和创新精神的形势。在所编写的实验中，我们有意识地安排了一些让学生通过独立思考、自行查阅资料、自行设计程序的实验项目，让学生能得到较多的训练和锻炼。为使实验报告规范化，还按不同实验类型编写了实验报告格式，按具体开出的实验选用适当的报告格式。

本教材主要依据我校历年来的实验教学实践并参考国内外理工科实验教材编写而成，其中部分实验融汇了本教研室教师们的研究成果。全书共编入了 29 个实验，每个实验按 3～4 学时安排。在每个实验的实验内容前都简要写出了实验原理，安排有学生应从课本中预习的内容。基本操作实验和基本理论实验的实验原理按实验需要而写出；元素部分的实验原理则写得较为详细，比教材内容有所扩充，有利于学生通过实验进一步学习一些元素知识。在操作过程方面，基本操作实验和基本理论实验则写得较详细，元素部分的实验操作过程则写得较简略，部分内容通过提示引导学生进行思考。这样将有利于既保证基本理论能掌握住，又有助于培养学生独立进行实验操作的能力。在附录中收集和编写了一些实用而教材中不易汇集的内容，有助于学生扩展知识面。

本教材是广西大学立项编写教材，广西大学化学化工学院化学教研室的王凡、吴文伟、周艳玲、周立亚、王清、廖森、尹作栋、罗芳光、江丽、刘和清、宋宝玲、陶林、林宝凤、马震等参与了本教材的编写，全书由王凡定稿。在编写过程中，得到广西大学教务部门领导、广西大学化学化工学院领导和各位老师的支持与帮助，同时参阅了有关兄弟院校的教材及相关文献资料，在此深表谢意！

由于时间紧迫和编者水平有限，书中的缺点和错误在所难免，欢迎读者批评指正。

编写组
2013 年 3 月

目录

上篇　无机化学实验的基本知识与基本操作

下篇　无机化学实验

上篇　无机化学实验的基本知识与基本操作

第1章 绪 论

1.1 无机化学实验的目的

化学是一门以实验为基础的科学。化学科学的每一项重要发现、每一个进步都离不开实验。通过实验发现和发展了化学理论，而化学理论的检验和评价也需要通过实验来实现。无机化学实验课程是无机化学学习的重要环节，它担负着培养学生掌握无机化学实验基本技能及开展科学实验训练的任务，使学生具备观察、认识、理解和分析推理的能力。无机化学实验课程的具体教学目的包括如下方面。

1.1.1 验证并巩固所学重要理论

通过实验，学生可以直接获得大量的化学事实，掌握主要元素及其化合物的性质，了解无机化合物常规的制备、分离、纯化、结晶等操作。通过实验现象的观察与实验操作，进一步加深无机化学理论课程中基本概念和基本原理的理解，有助于强化学生对重要知识点的消化，并扩大其知识面。同时，通过学习基本仪器的正确操作可以掌握科学研究的基本方法。无机化学实验能使理论知识形象化，并针对具体问题获得具体的解决方案，使学生对化学过程的复杂性和多样性有直观的理解。

1.1.2 规范实验技能，锻炼综合能力

为了获得准确的实验结果，学生必须正确掌握实验基本操作技能，并学会准确记录和表达实验结果，正确书写实验报告。无机化学实验课程对于学生掌握和巩固规范实验操作技能具有重要意义。在设计性实验中，学生通过提出问题、查阅资料、设计方案到亲自动手完成实验，可以充分了解科学研究的基本过程，锻炼其综合能力（如查阅、记忆、归纳总结、实验操作等）。

1.1.3 培养科学素养

化学实验课程同时注重对学生非智力因素的训练。学生在实验过程中可以培养实事求是、严谨认真的科学态度，以及独立工作和分析问题、解决问题的能力，为后续课程的学习、今后参加工作和开展科学研究打下良好基础。

1.2 无机化学实验的学习方法

为了学好本课程，初学者应该具有明确的学习目标、端正的学习态度和良好的学习方法。主要应抓住以下三个环节。

1.2.1 预习环节

（1）准确掌握教科书中的有关理论知识；认真阅读实验教材，明确实验的目的，弄清实

验原理。

（2）了解实验的内容、步骤、操作过程，积极思考实验操作中应当注意的问题。

（3）按照指导教师的要求认真书写预习报告，为动手操作做好充分准备。

1.2.2 实验环节

（1）严格遵守实验室工作规则，小心使用仪器设备，节约试剂，养成整洁、卫生的实验习惯。

（2）按照实验要求进行实验，认真操作，细心观察，如实记录实验现象；实验记录应清晰准确，不可用铅笔记录，不得随意涂改数据，更不可篡改数据。

（3）当实验现象出现异常时，要认真检查、分析原因，继而调整方案或者重做实验。

（4）认真分析实验结果，开展小组讨论；当遇到自己无法解决的疑难问题时，可通过课后查阅资料的办法解决，亦可与指导教师进行讨论。

（5）认真做好值日卫生工作。

1.2.3 实验报告环节

实验报告是实验的记录和总结，它是开展科学研究的基础练习，每次实验结束学生都应及时、独立、认真完成。实验报告根据实验项目的类型有不同的书写格式，具体要求见第3章内容。实验报告的书写要求文字工整、图表清晰、形式规范，大致内容包括：

（1）实验基本信息。
（2）实验目的。
（3）实验原理。
（4）实验仪器用品和试剂。
（5）实验内容。
（6）数据结果与分析。

1.3 无机化学实验规则

（1）遵守实验室的规章制度，不得大声喧哗，不得随意走动；不准在实验室饮食。

（2）实验时应遵从教师安排，集中精力，认真操作，仔细观察各种现象，如实做好记录；未经教师同意，不得随意使用试剂进行实验内容以外的试验。

（3）爱护公物，小心使用仪器和实验室设备，注意节约水、电。使用精密仪器时，必须严格按照操作规程进行操作，细心谨慎，避免损坏仪器。如发现仪器有故障，应立即停止使用，并报告指导教师，及时排除故障。

（4）实验台上的仪器、试剂瓶等应整齐地摆放在相应的位置上，注意保持台面的整洁；公共物品用毕放回原处。

（5）实验试剂应按规定量取用，如果书中未规定用量，应注意节约使用。试剂自瓶中取出后，不可再倒回原瓶中，以免带入杂质而引起瓶中试剂变质。滴管与滴瓶配套使用，不得在不同的滴瓶中混用。

（6）取用固体试剂时，注意不要撒落在实验台上；若有撒落，应及时清理；用毕应及时盖上塞子，防止固体试剂潮解，并且放回原处，以免和其他瓶子的塞子弄混，引入杂质。对于有腐蚀性、有毒及规定要回收的试剂，应倒入指定的回收瓶中。

（7）实验过程产生的废滤纸、pH 试纸和碎玻璃等固体废物应有专门的容器盛装，不得随意扔在实验台上或者地上。实验结束后，按照垃圾分类的要求放置到指定的垃圾桶内。酸/碱性废液、毒性较大的废液应倒入指定的废液桶内，严禁倒入水槽，以防堵塞或锈蚀下水管道或造成环境污染。

(8) 实验结束应将个人实验用品认真洗刷干净，并且按照要求放回实验柜。公共用品和仪器应按照要求整理好并且放回规定位置，保持实验台面整洁、干净。

(9) 值日生应认真打扫和整理实验室，关闭水、电、门、窗，协助指导教师一起检查实验室安全之后再离开。

1.4　实验中的安全操作和事故处理

1.4.1　实验安全操作注意事项

(1) 注意用火安全，明火不得与可燃性气体直接接触；点燃的火柴用后应立即熄灭，不得乱扔。

(2) 加热试管时，不要将试管口指向自己或别人，也不要俯视正在加热的液体，以免被溅出的液体烫伤。

(3) 强氧化剂（如氯酸钾、硝酸钾、高锰酸钾等）或其混合物不能研磨，以防发生爆炸。银氨溶液宜新鲜配制使用，使用完毕应及时处理，避免因久置后析出黑色的氮化银沉淀，极易爆炸。

(4) 不得随意混合各种化学试剂，以免发生意外事故。

(5) 判别瓶中气体的气味时，鼻子不能直接对着瓶口（或管口），而应用手轻轻煽动少量气体进行嗅闻。

(6) 稀释浓硫酸时，应将浓硫酸缓慢注入水中，并不断搅拌，注意防止溶液过热；切勿将水注入浓硫酸中。

(7) 一切涉及易燃、易爆危险品的操作，都必须远离明火源。

(8) 一切涉及有毒、有恶臭的物质的实验，都应在通风橱中进行。

(9) 不可用湿的手、物品直接接触电源。

(10) 禁止在实验室内饮食、抽烟，防止有毒试剂（如铬盐、钡盐、铅盐、砷的化合物、汞及汞的化合物、氰化物等）进入口内或接触到伤口。

(11) 实验结束应洗净手再离开实验室。

1.4.2　意外事故的紧急处理

为应对意外事故紧急处理之需，实验室应备有急救药箱，内置消毒纱布、消毒棉花、碘酒、烫伤药膏、云南白药、创可贴等药品。常见意外事故紧急处理办法如下。

(1) 割伤　伤口内若有异物，须先挑出，然后涂上碘酒或贴上“创可贴”包扎伤口。若伤口较大，应立即送医院治疗。当眼睛里进入碎玻璃或其他固体异物时，应闭上眼睛不要转动，立即就医。

(2) 烫伤　切勿用水冲洗。可在烫伤处涂上烫伤膏或万花油。伤势严重时，应立即就医。

(3) 受强酸腐伤　立即用大量水冲洗，再用2%～3%碳酸氢钠溶液或稀氨水溶液冲洗，最后用水洗净。

(4) 受浓碱腐伤　立即用大量水冲洗，再用3%～5%醋酸溶液或硼酸饱和溶液冲洗，最后用水冲洗。

（5）酸（或碱）溅入眼内 应立即用大量水冲洗，再用3%～5%碳酸氢钠溶液（或3%硼酸溶液）冲洗，然后立即到医院治疗。

（6）在吸入刺激性或有毒气体如氯气、氯化氢时，可吸入少量酒精和乙醚的混合蒸气解毒。因吸入硫化氢气体而感到不适（头晕、胸闷、欲吐）时，应立即到室外呼吸新鲜空气。

（7）遇有毒物质进入口内时，可内服一杯含有5～10mL稀硫酸铜溶液的温水，再用手指伸入咽喉部，促使呕吐，然后立即送医院治疗。

（8）若被磷火烧伤，应立即用纱布浸泡5%硫酸铜溶液敷在伤处30min，除去磷的毒害后，再按一般烧伤的处理方法处置。

（9）触电 立即切断电源。必要时进行心肺复苏，找医生抢救。

（10）灭火措施 发生火灾要立即灭火，并立即关掉电源、气源，把一切可燃物和易燃、易爆物转移至远处（**注意不可碰撞，以免引起更大的火灾**）。灭火时一般采用水、沙、各种灭火器等。具体的灭火方法可根据起火原因选择。

① 对于一般性起火，尽量在起火初期加以控制，小火用湿布、沙子覆盖燃烧物即可灭火；大火可以用水、泡沫灭火器、二氧化碳灭火器灭火（**注意不要用水来扑灭不溶于水的油类及其他有机溶剂等可燃物**）。

② 活泼金属如Na、K、Mg、Al等引起的着火，不能用水、泡沫灭火器、二氧化碳灭火器灭火（为什么?），只能用沙土、干粉灭火器灭火；有机溶剂着火，切勿使用水、泡沫灭火器灭火，而应该用二氧化碳灭火器、专用灭火毯、沙土、干粉灭火器等灭火。

③ 电器着火，首先关闭电源，再用灭火毯、干粉、沙土等灭火，不可用水、泡沫灭火器灭火，以免触电。

④ 当身上衣服着火时，切勿惊慌乱跑，应赶快脱下衣服或用专用灭火毯覆盖着火处，或就地卧倒打滚，也可起到灭火的作用。

1.4.3 常见“三废”的处理

在化学实验中经常会产生各种有毒的废气、废液和废渣（“三废”）。如果对其不加处理而任意排放，不仅会污染环境，造成公害，可能也会浪费“三废”中的有用成分甚至贵重成分，造成经济损失。

产生少量有毒气体的实验可在通风橱中进行，有毒气体经过排风设备可排至室外（被大量空气稀释），以确保室内空气不被污染。

产生大量有毒气体或剧毒气体的实验，必须通过吸收装置处理或按照有毒气体的处理规定进行处理。例如氯气、硫化氢、二氧化硫、氮氧化合物、氟化氢、氢氰酸等酸性气体可用碱液吸收后排放；氨气用硫酸吸收后排放；一氧化碳可点燃转化为二氧化碳气体后再排放。

实验室中少量有毒废渣应集中深埋于指定地点，有回收价值的废渣应回收利用。

实验室中常见废液的处理方式如下。

（1）废酸液 用塑料桶盛装酸度较大的废水，加碱调节pH至6～8后方可排出（若有固体沉淀，则应集中转移到指定地点处理，以防堵塞下水管路）。

（2）废铬酸洗液 可用高锰酸钾氧化法使其再生，继续使用。再生方法是：先在110～130℃下不断搅拌，加热浓缩，除去洗液中的水后，冷却至室温，然后缓慢加入高锰酸钾粉末，加入量为每1000mL加10g左右，直至溶液呈深褐色或微紫色，边添加边搅拌。再直接加热至刚有三氧化铬出现，停止加热。稍冷，通过玻璃砂芯漏斗过滤，除去沉淀；冷却后析出红色三氧化铬沉淀，再加适量硫酸使其溶解即可使用。少量的废洗液可加入废碱液或石灰使其生成氢氧化铬（Ⅲ）沉淀，再将此废渣集中转移到指定地点处理。

（3）含氰废液 氰化物属于剧毒物质，含氰废液必须经过认真处理后才能排放。少量的含氰废液可先加氢氧化钠调节废液的 pH>10，再加入几克高锰酸钾使 CN^- 氧化分解。量大的含氰废液可用碱性氯化法处理，先用碱调节废液的 pH>10，再加入漂白粉或次氯酸钠使 CN^- 氧化成氰酸盐，并进一步分解为二氧化碳和氮气。

（4）含汞废液 先调节废液的 pH 至 8～10 后，再加适当过量的硫化钠使之生成硫化汞沉淀，随后加入硫酸亚铁，使过量的 S^{2-} 生成硫化亚铁沉淀，从而吸附硫化汞共沉淀下来。通过这个操作，可使清液含汞量降至 $0.02mg \cdot L^{-1}$ 以下。静置并让沉淀物沉降后，清液排放，少量沉渣应收集后转移到指定地点，若有大量沉渣可用焙烧法回收汞，但注意要在通风橱中进行操作。

（5）含重金属离子的废液 加碱或加硫化钠把重金属离子变为难溶性的氢氧化物或硫化物沉淀，过滤分离，清液进一步处理，残渣集中到指定地点处理。

（6）大量有机溶剂废液不得倒入下水道，应收集后由专业机构或者人员进行处理。

第2章 化学实验室基本知识

2.1 无机化学实验常用仪器

无机化学实验常用的实验仪器用品见表2-1。作为初学者，在进行无机化学实验之前，应该充分了解并熟悉常用仪器用品的名称、规格、用途及其注意事项。根据实验操作的需要，指导教师已配备好一套实验仪器用品，学生在每次实验开始操作之前应注意检查、清点；实验过程中如有仪器损坏，应及时报告指导教师并补充；实验结束后，应将实验仪器用品清洗干净后按照原来的布置摆放。

表2-1 常用仪器简表

名称	仪器图例	规格	用途	注意事项
烧杯		以容积(单位:mL)表示,分为有刻度型和无刻度型	用于盛放试剂或用作反应容器	玻璃材质,加热时应放在石棉网上,并且外壁不能有水,加热后不能骤冷。反应液体一般不得超过烧杯容量的2/3
试管		以外径×长度(单位:mm)表示	用作少量溶液的反应容器,便于操作和观察	玻璃材质,加热时外壁不能有水,应先均匀受热,以防试管破裂,加热后不能骤冷。装液体积为试管体积的1/3～1/2
离心试管		以容积(单位:mL)表示	主要用于性质检验中少量沉淀的固液分离	有塑料和玻璃材质,离心试管不能直接加热
锥形瓶		以容积(单位:mL)表示	可作为反应容器或接收器,常用于滴定操作	玻璃材质,加热时应放在石棉网上,并且外壁不能有水,加热后不能骤冷

续表

名称	仪器图例	规　格	用　途	注意事项
滴瓶和胶头滴管		滴瓶以容积(单位:mL)表示,有无色和棕色两种。瓶口配套磨口胶头滴管	用于盛放试剂或溶液	滴瓶不能长期盛放浓碱液。滴头与胶头滴管需配套使用,不能混用
量筒	20℃ 100mL	以容积(单位:mL)表示	用于量取一定体积溶液的量器,精度较低	有塑料和玻璃材质,不能受热,不能量热的液体,不能用来作反应和配制溶液的容器
漏斗	长颈　短颈	以口径(单位:mm)表示	长颈漏斗用于常压过滤。短颈漏斗可用于热过滤	玻璃材质,不能用火加热
抽滤瓶(吸滤瓶)		以容积(单位:mL)表示	与布氏漏斗配套用于减压过滤	玻璃材质,不能用火加热
表面皿		以口径(单位:mm)表示	可以作为容器盛放少量固体试剂、试纸等,也可以作为盖子置于容器口上,凹面朝上,盖在加热容器的上方防止液体溅出	玻璃材质,不能用火加热

续表

名称	仪器图例	规　　格	用　　途	注意事项
容量瓶		以容积(单位:mL)表示,有无色和棕色两种	用于配制准确浓度的溶液	玻璃材质,不能受热。不能用毛刷洗刷。自然晾干,不可在烘箱中烘干
移液管		以容积(单位:mL)表示	用于准确移取一定体积的液体	玻璃材质,不能受热。管壁无“吹”字样时,操作时不能将末端的溶液吹出
吸量管		以容积(单位:mL)表示	用于准确移取一定体积的液体	玻璃材质,不能受热。管壁无“吹”字样时,操作时不能将末端的溶液吹出
烧瓶	平底　圆底	以容积(单位:mL)表示	可作为长时间加热的反应容器	玻璃材质,加热时应放在石棉网上
称量瓶		以外径×高(单位:mm)表示。分为高型和扁型两类	用于准确称取固体试剂。因有磨口塞,可以防止瓶中的试样吸收空气中的水分	玻璃材质,不能受热,瓶塞不能互换。测量时不能直接用手拿取

续表

名称	仪器图例	规　格	用　途	注意事项
药匙(药勺)	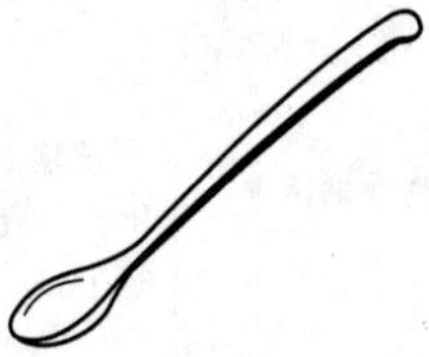	以长度(单位:cm)表示	用于勺取固体试剂	有牛角、瓷质、塑料或不锈钢等材质。使用前、后都需洗净、擦干。不能受热
洗瓶	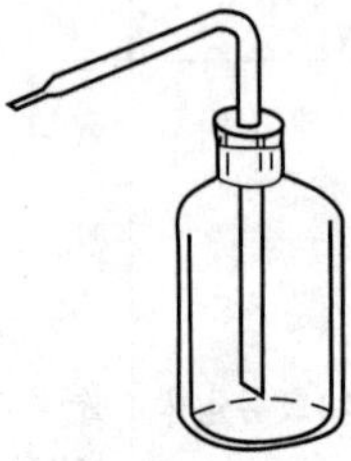	以容积(单位:mL)表示	用于盛装实验用水的容器,使用时挤压瓶身出水	塑料材质,瓶嘴不能漏气,操作时远离火源
布氏漏斗		以口径(单位:mm)或容量(单位:mL)表示	与抽滤瓶配套使用,用于减压过滤	陶瓷材质,不可作为加热用途
蒸发皿	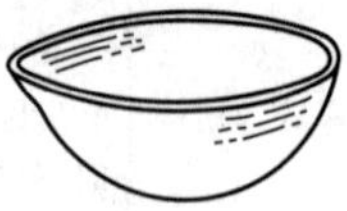	以口径(单位:mm)或容积(单位:mL)表示	主要用于蒸发浓缩、结晶	有陶瓷、玻璃、金属等材质。一般放在泥三角上加热。陶瓷、玻璃材质的蒸发皿加热后不能骤冷,以免破裂
漏斗架	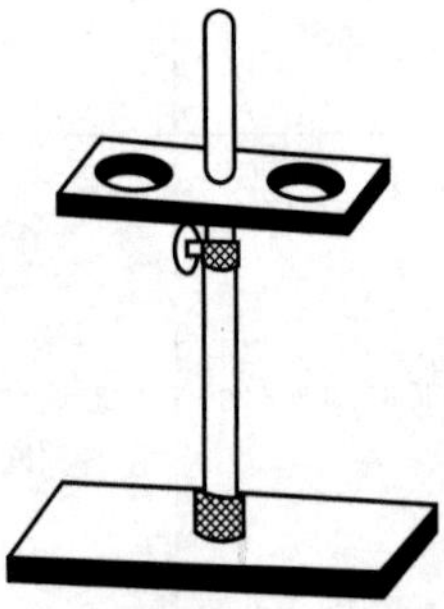	常用两孔、四孔	主要用于固定常压过滤时的漏斗	有木质、铁质、有机玻璃等材质。使用完需清洗干净残留在架子上的液体
三脚架	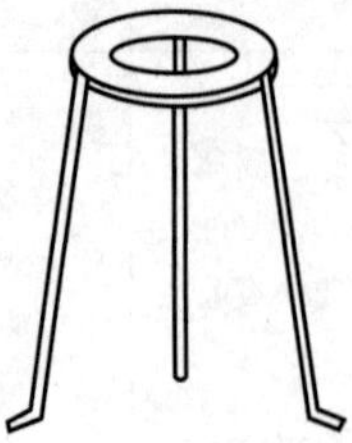	以(外径/边长)×高(单位:mm)表示	主要用于承载酒精灯加热的器具,上方垫石棉网或泥三角	主要为铁质,有圆形、三角形的形状。加热时不能触碰,以免烫伤

续表

名称	仪器图例	规　格	用　途	注意事项
石棉网		以内、外直径(单位:cm)表示	与三脚架配合使用,支承受热器皿	不能与水接触
泥三角		以长×宽(单位:mm)表示	与三脚架配合使用,支承灼烧坩埚或蒸发皿	铁丝部位套有瓷管,因此不能猛烈撞击,以免损坏瓷管。加热时不宜接触铁丝,以免烫伤
点滴板		常用六穴,也有二穴、四穴、十二穴等	主要用于性质检验时观察产物的颜色或者形态	陶瓷材质,分白釉和黑釉两种,根据产物颜色选择使用。使用时轻拿轻放,使用完应清洗干净
坩埚钳		以总长(单位:cm)表示	主要用于夹取坩埚、坩埚盖和蒸发皿等	夹取受热的器皿时,应先将钳尖预热,以免受热器皿局部冷却而破裂。使用完应将钳尖向上放置。不能夹取玻璃材质的器皿
试管夹	(铜)　(木)	以总长(单位:cm)表示	用于加热时夹紧固定试管	通常为木质、竹质和金属材质,使用时不能接触火源
试管架		常用6孔、8孔、12孔	用于放置试管、离心管、比色管	有木质、铝质、有机玻璃等材质。可作恒温水浴加热时的固定台

续表

名称	仪器图例	规　格	用　途	注意事项
微孔砂芯漏斗	漏斗式　坩埚式	以容积(单位:mL)表示,并且根据微孔平均直径,砂芯从大到小分为G1～G6号	主要用于过滤沉淀以及微生物等杂质	使用小孔径的砂芯时,应采用减压抽滤的方法进行过滤。不宜过滤氢氟酸、热浓磷酸、热或冷浓碱液
坩埚		以容积(单位:mL)表示	用于灼烧固体物质	有陶瓷、石英、铁、镍、铂等材质,根据实验需要进行选用。瓷制坩埚加热后不能骤冷
研钵		以口径(单位:mm)表示。有普通型(浅型)和高型(深型)两种	与钵杵配套使用,用于固体物质的研磨或者混合	有陶瓷、玻璃、玛瑙等材质,根据实验需要进行选用。不能用火加热,使用完应清洗干净
热漏斗	注水口 玻璃漏斗 热水	以容积(单位:mL)表示	用于对常压过滤过程有温度要求的情况,具有一定的保温作用	铜质,可直接加热。使用完应把漏斗表面清洗干净,夹层的水倒出来
水浴锅		常用单孔、双孔、四孔	主要用于恒温加热	金属材质,使用时注意加有水,不能干烧
毛刷		以容器的大小和用途来表示,例如试管刷、量筒刷、容量瓶刷等	刷洗实验用品	谨防刷子顶端的铁丝撞坏玻璃仪器

2.2 化学试剂、实验室用水、试纸及滤纸

2.2.1 化学试剂的分类与规格

根据化学试剂分类的国家标准（GB/T 37885—2019），化学试剂按产品用途可分为基础无机试剂、基础有机化学试剂、高纯化学试剂、标准物质/标准样品和对照品（不包含生物化学标准物质/标准样品和对照品）、化学分析用化学试剂、仪器分析用化学试剂、生命科学用化学试剂（包含生物化学标准物质/标准样品和对照品）、同位素化学试剂、专用化学试剂、其他化学试剂十个大类。化学试剂的规格又称试剂级别，根据化学试剂的纯度和杂质含量的高低，目前将化学试剂分为三个等级（表 2-2），每个级别的试剂均有对应的标签颜色（GB 15346—2012）。

表 2-2 化学试剂等级说明

等级	中文名称	英文符号	标签颜色	主要用途
一级	优级纯	G. R.	深绿色	纯度最高，用于精密的分析工作和科学研究
二级	分析纯	A. R.	金光红色	纯度高，常用于一般的科学研究与分析
三级	化学纯	C. P.	中蓝色	杂质含量较高，用于一般的工业分析和制备

除上述常规通用试剂之外，还有特殊用途的“高纯试剂”，例如基准试剂、色谱纯试剂、光谱纯试剂等。基准试剂的纯度相当于或高于优级纯试剂，主要用于分析化学实验中的基准物质或者直接配制标准溶液。色谱纯试剂主要用于气相色谱、液相色谱、薄层色谱等分析法中的试剂，其在高灵敏度下或 10^{-10}g 下无杂质峰。光谱纯试剂专门用于光谱分析，它是以光谱分析时出现的干扰谱线的数目及强度来衡量。不同级别的试剂因纯度不同而导致价格相差很大，实验人员应全面了解试剂的性质、规格和适用范围，根据实验的实际需要合理选用试剂，以达到既能保证实验结果的准确性，又不超规格使用造成浪费的目的（操作无机化学实验可以使用什么等级的试剂?）。

2.2.2 试剂的存放

化学试剂在存放过程中会受到温度、光照、空气和水分等因素的影响，易发生潮解、霉变、聚合、氧化、分解、变色、挥发等变化，因此应根据试剂的性质及方便取用原则进行存放。如固体试剂一般存放在易于取用的广口瓶内，而液体试剂存放在细口的试剂瓶中。吸水性强的试剂，例如无水碳酸钠、氢氧化钠等应严格密封试剂瓶口。一些用量小而使用频繁的试剂，如指示剂、定性分析试剂等可盛装在滴瓶中。对遇光易分解的试剂，如 $AgNO_3$、$KMnO_4$、饱和氯水等应装在棕色瓶中。虽然 H_2O_2 也是一种遇光易分解的物质，但不能贮存在棕色的玻璃瓶中，其原因是棕色的玻璃中含有催化分解 H_2O_2 的重金属氧化物。因此，通常将 H_2O_2 存放在不透明的塑料瓶中，并放置于阴凉暗处（临时使用的 3%H_2O_2 溶液可用棕色滴瓶盛装）。试剂瓶的瓶盖通常为磨口，密封性好，可长时间保存试剂而不变质。但是，带磨口的试剂瓶不能用来盛装强碱性试剂，如 NaOH、KOH 及 Na_2SiO_3 溶液，因为长期放置这些试剂会导致磨口的玻璃瓶塞与瓶身产生粘连，若将玻璃瓶塞换成橡胶塞则可避免这一现象。易腐蚀玻璃的试剂，如氟化物等应保存在塑料瓶中。

对于易燃、易爆、强腐蚀性、强氧化性及剧毒品的存放需特别注意，应按照要求分类单独存放，如强氧化剂要与易燃/易爆物、还原剂分开隔离存放。低沸点的易燃液体要求放置在阴凉通风的地方，并与其他可燃物和易产生火花的器物隔离放置，更要远离明火。剧毒试剂，如氰化钾、三氧化二砷、砷、汞等，由双人双锁妥善管理，并且按照要求做好使用和领取的记录。

盛装试剂的试剂瓶都应贴上标签，并写明试剂的名称、纯度、浓度和配制日期，标签外面应涂蜡或用透明胶带等保护。

2.2.3　实验室用水

化学反应多数在水介质中进行，为了避免因水污染而造成的实验结果异常，化学实验室通常需要对实验用水进行处理。实验操作时应根据对实验用水的不同要求，合理选用不同级别的纯水。

我国已建立了实验室用水的国家标准（GB/T 6682—2008），该标准规定了实验室用水的技术指标、制备方法及检验方法。

（1）一级水　适用于有严格要求的分析实验，如高效液相色谱用水。这种水基本不含有溶解或胶态粒子杂质及有机物。它可以通过对二级水经蒸馏、离子交换混合床及微孔滤膜（0.2μm）过滤后获得，或通过石英蒸馏装置进一步加工制备。

（2）二级水　适用于无机痕量分析实验，如原子吸收光谱实验用水。这种水仍含有痕量（10^{-6} 级）的无机、有机或胶态粒子杂质。可通过蒸馏、反渗透或对去离子水进行蒸馏获得。

（3）三级水　适用于一般化学分析实验。三级水是最普遍使用的纯水，过去多采用蒸馏的办法获得，故常称为蒸馏水。为节约能源，目前多改用离子交换法、电渗析或反渗透法制备。

2.2.4　试纸

试纸是进行快速、定性测定溶液的某些性质，或确定某些物质存在的简易工具。试纸的特点是制作简易，使用方便，反应快速。试纸的种类很多，各种试纸都应当密封保存，以防被污染而变质、失效。

常见的试纸如下：

（1）石蕊试纸和酚酞试纸　石蕊试纸有红色和蓝色两种。石蕊试纸、酚酞试纸可以用来定性检验溶液的酸碱性。

（2）pH 试纸　pH 试纸包括广泛 pH 试纸和精密 pH 试纸两类，用来检验溶液的 pH 值。广泛 pH 试纸的变色范围是 pH=1～14，它只能粗略地估计溶液的 pH。精密 pH 试纸可以较精确地估计溶液的 pH。广泛 pH 试纸的变化为 1 个 pH 单位，而精密 pH 试纸变化小于 1 个 pH 单位。根据其变色范围可分为多种，如 pH 变色范围为 0.5～5.0、3.8～5.4、5.4～7.0、8.2～10.0、9.5～13.0 等。根据待测溶液的酸碱性，可选用某一变色范围的试纸。

（3）淀粉碘化钾试纸　用来定性检验氧化性气体，如 Cl_2、Br_2 等。当氧化性气体遇到湿润的试纸后，则将试纸上的 I^- 氧化成 I_2，I_2 即与试纸上的淀粉作用变成蓝色。如气体氧化性强，而且浓度大时，还可以进一步将 I_2 氧化成无色的 IO_3^-，使蓝色褪去。因此，使用时必须仔细观察试纸颜色的变化，否则会得出错误的结论。

(4) 醋酸铅试纸 用来定性检验硫化氢气体。当含有 S^{2-} 的溶液被酸化时，逸出的硫化氢气体遇到湿润的试纸后，即与纸上的醋酸铅反应，生成黑色的硫化铅沉淀，使试纸呈黑色，并有金属光泽。

(5) $KMnO_4$ 试纸 可用来检验 SO_2 气体，如气体为 SO_2，则紫色的 $KMnO_4$ 试纸褪色。

常见试纸的制备方法：

(1) 酚酞试纸 溶解 1g 酚酞在 100mL 乙醇中，振荡摇匀，加入 100mL 去离子水，将滤纸浸渍后，放在无氨蒸气处晾干。

(2) 淀粉碘化钾试纸 把 3g 淀粉和 25mL 去离子水搅匀，倾入 225mL 沸水中，加入 1g 碘化钾和 1g 无水碳酸钠，再用去离子水稀释至 500mL，将滤纸浸泡后，放在无氧化性气体处晾干。

(3) 醋酸铅试纸 将滤纸在 3%醋酸铅溶液中浸渍后，放在无硫化氢气体处晾干。

注意：若上述试纸使用不多或急用时，在干净的滤纸条上滴上某种试剂后即可使用。例如，滤纸条上滴上 1 滴淀粉溶液和 1 滴碘化钾溶液即成淀粉碘化钾试纸，滤纸条上滴上醋酸铅溶液即成醋酸铅试纸。

试纸使用的注意事项：

(1) 用试纸检验溶液的酸碱性 使用 pH 试纸可快速检验出溶液的酸碱性及大致的 pH 范围，其操作步骤是：将试纸放在干燥清洁的点滴板上，用玻璃棒沾取待测的溶液滴在试纸上（可以将试纸直接放入待测溶液中进行检测吗?），观察试纸的颜色变化，将试纸呈现的颜色与标准色板颜色比对，可以获得溶液的 pH 值。

(2) 用试纸检验气体 pH 试纸或石蕊试纸也常用于检验反应所产生气体的酸碱性。具体做法是：用去离子水润湿试纸并使之附在干净玻璃棒的尖端，将玻璃棒靠近试管口的上方（**注意不要让试纸接触试管**），观察试纸颜色的变化，从而判断气体的酸碱性。

使用淀粉碘化钾试纸和醋酸铅试纸时，将试纸用去离子水润湿后放在试管口，待气体挥发后观察颜色变化。

2.2.5 滤纸

通过滤纸进行过滤是化学实验中常用的固液分离方法。根据燃烧后灰分的质量，可将滤纸分为定量分析滤纸和定性分析滤纸两种；根据过滤速度和分离性能又分为快速、中速和慢速三种。在实验过程中，应当根据具体情况进行选用。

在国家标准《化学分析滤纸》（GB/T 1914—2017）中，定量滤纸和定性滤纸产品的分类、型号、技术指标以及试验方法等都有详细的规定。定性滤纸与定量滤纸按照质量等级分为优等品、一等品、合格品。定性滤纸的技术指标应符合表 2-3 的规定。

定量滤纸的技术指标应符合表 2-4 的规定。

表 2-3　定性滤纸的技术指标

项　目		要求								
		优等品			一等品			合格品		
		101 型	102 型	103 型	101 型	102 型	103 型	101 型	102 型	103 型
定量	g/m^2	80.0±4.0			80.0±4.0			80.0±5.0		
分离性能	—	合格								
滤水时间	s	≤35	＞35～70	＞70～140	≤35	＞35～70	＞70～140	≤35	＞35～70	＞70～140
抗张强度(纵向)　≥	N/m	1200	1500	1500	1200	1500	1500	1200	1500	1500
干耐破度　≥	kPa	85	90	90	85	90	90	80	85	85
湿耐破度　≥	mm 水柱	130	150	200	120	140	180	120	140	180
抗碱性　≥	%	92.0	92.0	92.0	92.0	92.0	92.0	90.0	90.0	90.0
灰分　≤	%	0.11			0.13			0.15		
水抽提液 pH	—	6.0～8.0								
D65 亮度　≥	%	85.0								
D65 荧光亮度　≤	%	0.5								
尘埃度≤　0.2～0.3mm^2	个/m^2	70			80			90		
尘埃度≤　0.3～0.7mm^2	个/m^2	8			10			12		
尘埃度≤　＞0.7mm^2	个/m^2	不应有			不应有			不应有		
交货水分	%	7.0±3.0								

表 2-4　定量滤纸的技术指标

项　目		要求								
		优等品			一等品			合格品		
		201 型	202 型	203 型	201 型	202 型	203 型	201 型	202 型	203 型
定量	g/m^2	80.0±4.0			80.0±4.0			80.0±5.0		
分离性能	—	合格								
滤水时间	s	≤35	＞35～70	＞70～140	35	＞35～70	＞70～140	35	＞35～70	＞70～140
干耐破度　≥	kPa	85	90	90	85	90	90	80	85	85
湿耐破度　≥	mm 水柱	130	150	200	120	140	180	120	140	180
抗碱性　≥	%	95.0	95.0	95.0	95.0	95.0	95.0	93.0	93.0	93.0
灰分　≤	%	0.009			0.010			0.011		
水抽提液 pH	—	5.0～8.0								
D65 亮度　≥	%	85.0								
D65 荧光亮度　≤	%	0.5								
尘埃度≤　0.2～0.3mm^2	个/m^2	70			80			90		
尘埃度≤　0.3～0.7mm^2	个/m^2	8			10			12		
尘埃度≤　＞0.7mm^2	个/m^2	不应有			不应有			不应有		
交货水分	%	7.0±3.0								

第3章 实验数据记录与处理

化学实验中常需要进行定量测定，并由测定的数据经过计算得到实验结果。实验结果的准确度应满足一定的要求，不准确的分析结果往往会导致错误的结论。因此，实验过程中除了选用合适的仪器和正确的操作方法之外，还需要科学地处理实验数据，使实验的测定结果与真实值尽可能相符，所以树立正确的有效数字及误差的概念，以及掌握正确的作图方法，并把它们应用于实验数据的分析和处理十分重要。

3.1 数据记录

数据记录一般包括题目、日期、实验条件（如室温、大气压等）、仪器型号、试剂名称、级别、溶液的浓度以及直接测量的数据（包括数据的符号和单位），记录时尽可能采用表格形式。数据记录一定要做到准确完整、条理分明、实事求是，切忌带有主观因素，决不能随意拼凑和伪造数据。若在实验中发现数据测错或读错而需改动时，可将该数据用一横线划去，并写上正确的数据，切勿乱涂乱画，这是为了保留原有记录的原始数据，方便日后查询，同时也是为了养成整洁的良好习惯。

3.2 化学计算中的有效数字

由于实验中所使用仪器的测量精确度有限，因而能读出数字的位数也是有限的。例如，用最小刻度为1mL的量筒测量出液体的体积为24.5mL，其中24直接由量筒的刻度读出，而0.5则是用肉眼估计的，它不太准确，称为可疑值。可疑值并非臆造，也是有效的，记录时应该保留，因此24.5这三位数字都是有效数字。有效数字是以数字来表示有效数量，也是指在具体工作中实际能测量到的数字。它包括准确的几位数和最后不太准确的一位数。可见，具有实际意义的有效数字位数，是由测量仪器和观察的精确程度来决定的。例如，台秤称量某物体的质量为5.6g，如果该台秤可称准至0.1g，则物体的质量可以表示为5.6±0.1g。它的有效数字是2位，不能写成5.60g，因为这样写就超出了仪器的准确度。如果在分析天平上称量该物体时，得到的结果是5.6115g，这是因为分析天平可称准至0.0001g，所以该物体的质量可以表示为5.6115±0.0001g，其有效数字为5位。

应当注意，“0”在数字中有时是有效数字，有时不是。这取决于“0”在数字中的位置。

（1）“0”在数字前，仅起定位作用，不是有效数字。这时“0”与所取的单位有关。例如，体积记为0.0025L和2.5mL准确度相同，它们都是2位有效数字。

（2）“0”在数字的中间或在小数的数字后面，则是有效数字。例如，2.05、0.200、0.250都是3位有效数字。

（3）以“0”结尾的正整数，它的有效数字的位数不确定。例如25000，这种数可根据实际有效数字情况改写成指数形式。如果为2位有效数字，则改写成2.5×10^4；如果为3位有效数字，则改写成2.50×10^4。

有效数字的运算规则介绍如下。

(1) 加减运算　加减运算后，所得结果的有效数字位数与各原数中小数点后的位数最少者相同。例如：

$$0.254+21.2+1.23=22.7$$

因为 21.2 这个数只精确到小数后的第一位，该数有±0.1 的误差，所以其他各原数中，小数点后的第二位都是没有意义的，答数中小数点后的第二位数当然也是没有意义的。所以答数不是 22.684，而是 22.7。

(2) 乘除运算　乘除运算后，所得结果的有效数字位数应与原数中最少的有效数字位数相同，而与小数点的位置无关。例如：

$$0.112\times21.76=(2.43712)=2.44$$

因为在数值 0.112 中的 0.002 是不太准确的，而 21.76 中的 0.06 也是不太准确的，二者的乘积也不准确，已直接影响到结果的第三位数字，所以可以简化（通过四舍五入）为 2.44。

同理，$56.2\div48.76=(1.153)=1.15$，只保留三位有效数字。

(3) 对数运算　对数的有效数字位数仅由尾数的位数决定，首数只起定位作用，不是有效数字。对数运算时，对数尾数的位数应与相应的真数的有效数字的位数相同。例如，$[H^+]=1.8\times10^{-5}mol\cdot L^{-1}$，它有 2 位有效数字，所以，$pH=-\lg[H^+]=4.74$，其中首位数“4”不是有效数字，尾数 74 是有效数字，与 $[H^+]$ 的有效数字位数相同。又如，当 pH=2.72，则 $[H^+]=1.9\times10^{-3}mol\cdot L^{-1}$，不能写成 $[H^+]=1.91\times10^{-3}mol\cdot L^{-1}$。

(4) 有效数字位数的取舍　有效数字位数的取舍应注意下面几点。

① 化学计算中常遇到表示分数或倍数的数字，例如，1kg=1000g，其中 1000 不是测量所得，可看作是任意位有效数字。

② 若某一数据的第一位有效数字大于或等于 8，则有效数字的位数可多取一位。例如 8.25，虽然只有 3 位有效数字，但可看作是 4 位有效数字。

③ 在计算过程中，可以暂时多保留一位有效数字，待到最后结果时，再根据四舍五入的原则弃去多余的数字。

④ 误差一般只取 1 位有效数字，最多不超过 2 位。

3.3　实验误差

3.3.1　误差来源及分类

在实际测量中，由于测量方法以及外界条件影响等因素的限制，使得测量值与真实值之间存在一个称为“测量误差”的差值。根据误差的性质和产生的原因可把误差分为三类。

(1) 系统误差　又称可测误差。在相同条件下做多次重复测试时，由于某种固定因素的影响，使测试结果总是偏高或偏低。该影响相对比较固定，数值大小有一定的规律性，并且具有单向性。产生系统误差的因素通常有以下情况：实验方法不完善；所用的仪器准确度差；试剂不纯；个人的习惯与偏向等。实验系统误差可以用改善方法、校正仪器、提纯试剂等措施来减少或消除。

(2) 偶然误差　又称随机误差。偶然误差是指重复测定中每次测量结果都有些不同，误差数值不确定，有时偏高，有时偏低。由于来源于随机因素，误差产生的原因通常也难以察觉。例如在滴定管读数时，最后一位数字要估计到0.01mL，初学者难免会估计得有些不准确，有时产生正误差，有时是负误差。偶然误差的规律可以通过统计的方法去研究，从多次测量的数据中寻找。若无系统误差存在，当测定次数无限多时，偶然误差符合正态分布；当测定次数有限多时，服从类似于正态分布的 t 分布。因此，可采用“多次测定，取平均值”的方法来减少偶然误差。

(3) 过失误差　过失误差是一种人为误差，主要由操作人员粗枝大叶、不遵守操作规程等原因而造成。在数据处理过程中，如果确知是过失误差，应剔除该次测量结果。通常来说，只要加强责任感，认真细致操作，过失误差完全可以避免。

3.3.2 误差的表示方法

(1) 真实值、平均值和中位值

① 真实值　是一个客观存在的真实数值，但又不能直接测定出来。由于真实值无法知道，往往是进行多次平行实验，取其平均值或中位值作为真实值，或者以公认的数据作为真实值。

② 平均值　一般指算术平均值，即测量值的总和除以测定次数所得的结果。

③ 中位值　将一系列测定数据按大小顺序排列时的中间值。若测定的次数是偶数，则取正中两个值的平均值。

(2) 准确度和精密度

① 准确度　表示测量值与真实值的接近程度，表示测量的可靠性，常用误差来表示。通常误差的表示方法有绝对误差和相对误差。

绝对误差是指测量值与真实值之差，即：

$$绝对误差=测量值-真实值(单位与被测值相同)$$

相对误差是指绝对误差与真实值之比，即：

$$相对误差=(测量值-真实值)/真实值$$

例如：真实值为0.2000g的样品，测量值为0.2020g：

$$绝对误差=0.2020g-0.2000g=0.0020g$$

$$相对误差=(0.2020g-0.2000g)/0.2000g=1.0\%$$

若真实值为2.0000g的样品，测量值为2.0020g：

$$绝对误差=2.0020g-2.0000g=0.0020g(数值与上例相同)$$

$$相对误差=(2.0020g-2.0000g)/2.0000g=0.10\%(数值为上例的1/10)$$

上述例子可看出绝对误差与测量值的大小无关，而相对误差与测量值的大小有关。在绝对误差相同时，测量值越大，则相对误差越小，因此，采用相对误差来反映测量值与真实值之间的偏离程度比用绝对误差更为合理。

② 精密度　表示各平行测量结果的相互接近的程度，表达了测定数据的重现性。精密度高不一定准确度高，通常由于被测量的真实值很难准确知道，实验者可以用多次重复测量结果的平均值代替真实值，此时单次测量的结果与平均值之间的偏离称为偏差。偏差与误差一样，也有绝对偏差和相对偏差之分。

$$绝对偏差=单次测量值-平均值$$

$$相对偏差=(单次测量值-平均值)/平均值$$

相对偏差的大小可以反映测量结果的精密度，相对偏差小，则可视为重现性好，即精密度高。然而，相同条件下实验测得的一系列数据都会存在一定的离散点，分散在总体平均值的两端。统计学上采用标准偏差（SD）来表示数据的离散程度，标准偏差越小，样品的测量值偏离平均值就越少，反之亦然。标准偏差也可表示精密度的高低。

当实验样本数目为 n 时，样本标准偏差（S）的计算式如下：

$$S=\sqrt{\frac{\sum_{i=1}(X_i-\overline{X})^2}{n-1}}$$

式中，X_i 为样本的测量值；$\overline{X}$ 为全部样本数据的平均值。

平均偏差（A. D.）是数列中各个原数据值与算术平均值之差的绝对值的均值，用平均偏差表示精密度比较简单，但数据中的大偏差可能得不到应有的反映，导致把准确度不高的测量值掩盖了。标准偏差能更灵敏地体现出大偏差的问题，因而能较好地反映测定结果的精密度。同时标准偏差不考虑偏差的正、负号，因此，精确计算测量误差时大多采用标准偏差。

准确度和精密度是两个不同的概念，它们是实验结果好坏的主要标志。精密度高，准确度不一定好；相反，准确度好，精密度一定高。化学实验首先要求测定准确，准确度好，一定需要精密度高，但是，精密度高的不一定准确，这是由于可能存在系统误差。控制偶然误差可以使测定结果的精密度好，并且同时校正系统误差，才能得到既精密又准确的分析结果。

3.4 实验数据的表达方法

取得实验数据后应进行整理、归纳，并以简明的方式表达实验结果。实验数据的表达方法有列表法、图解法和数学方程法。

3.4.1 列表法

列表法就是将一组实验数据中的自变量和因变量的数值按一定形式和顺序列成表格。列表法简单易行，形式紧凑，又便于参考比较，在同一表格内，可以同时表示几个变量间的变化情况。实验的原始数据一般采用列表法记录。列表时需注意以下事项。

（1）表格应有序号及完整而又简明的表名。当表名不足以说明表中数据含义时，可在表名或表格下方再增加附注，如有关实验条件、数据来源等。

（2）表格中每一横行或纵列应标明名称和单位。数据的名称应尽可能用符号表示，如 V/mL、p/kPa、T/K 等，斜线后表示单位。

（3）自变量的数值常取整数或其他方便的值，其间距最好均匀，并按递增或递减的顺序排列。

（4）表中所列数值的有效数字位数应取舍适当；同一纵列中的小数点应上下对齐，以便相互比较；数值为零时应记作“0”，数值空缺时应画“—”。

（5）直接测量的数值与处理后的结果可并列在一张表上，必要时在表的下方注明数据的处理方法或计算公式。

3.4.2　图解法

图解法通常是在直角坐标系中绘制，即将实验数据按自变量与因变量的对应关系标绘成线图，用来描述所研究的变量间的关系，例如变量间的变化趋势、极大值、极小值、转折点、变化速率以及周期性等重要参数，使得各数据间的关系更为直观。图解法是整理实验数据的重要方法。图解法常用于以下几个方面的数据分析。

(1) 表示变量间的定量依赖关系　将自变量作横轴，因变量作纵轴，所得曲线表示两变量间的定量关系。在曲线所示范围内，对应于任意自变量的因变量值均可方便地从曲线上读得。如温度计校正曲线、光度法中的吸光度工作曲线等。通过计算机进行函数拟合，可获得变量间的函数关系及相关性。

(2) 求外推值　对一些不能或不易直接测定的数据，在适当的条件下，可用作图外推的方法取得。所谓外推法，就是将测量数据间的函数关系外推至测量范围以外，以求得测量范围以外的函数值。但必须指出，外推法存在一定的主观性。为了保证外推法的准确性，外推范围与实测范围不能相距太远，且在此范围内被测变量间的函数关系应呈线性或接近于线性，外推值不能与已有的正确经验值相抵触。

(3) 求直线的斜率和截距　对于函数 $y=kx+b$ 来说，y 对 x 作图是一条直线，k 是直线的斜率，b 是截距。因此，当 y 与 x 的关系满足直线形式时，可以采用作图的办法求出直线的斜率和截距。若测量数据间的函数关系不符合线性关系，则可变换变数，使新的函数关系符合线性关系。如对于一级反应过程，其反应动力学方程为：

$$c=c_0\exp(-kt)$$

此时浓度 c 与反应时间 t 不为直线关系。但通过函数变换，使 $\lg c$ 对时间 t 作图，可以得到一条直线。

利用图解法能否得到良好的结果，与作图技术有密切的关系。为了能获得高质量的数据图，在作图时应遵循以下几个原则。

① 图纸的选择。最常用的作图纸是直角毫米坐标纸（不能随便自制坐标纸），也可根据需要选用半对数或对数坐标纸。

② 通常以横轴 x 代表自变量，纵轴 y 代表因变量，横轴和纵轴坐标的读数不一定从 0 开始，坐标轴旁应注明所代表的物理量及其单位。

③ 坐标轴比例的选择必须能表示出全部有效数字，从图中读出的物理量的精确度应与测量的精确度一致，即图上的最小分度与仪器的最小分度一致，要能表示出全部有效数字。为了便于读数和运算，每单位坐标格子应代表 1、2 和 5 的倍数，而不要采用 3、6、7、9 的倍数。比例尺的选择也很重要，比例尺选择过大，可能使数据线过于集中而被压缩，不能直观反映数据的变化趋势；比例尺选择过小，则使图形面积过大，不方便阅读。所有必需的数据应能比较充分地分布于坐标纸上，且略有宽裕。

④ 代表某一读数的点可用⊕⊙○×⊿Δ等不同的符号表示，符号的面积可粗略地表示出测量的误差范围，代表点要尽量分布均匀。应在图上注明不同符号所代表的含义。

⑤ 绘制的线必须平滑，尽可能接近大多数的点（切不可将点简单地连接起来）。处于平滑曲线或直线两边点的数目应大致相等。如描线的方法正确，则描出的曲线才能近似地表示出被测量的平均值。描线方法见图 3-1。

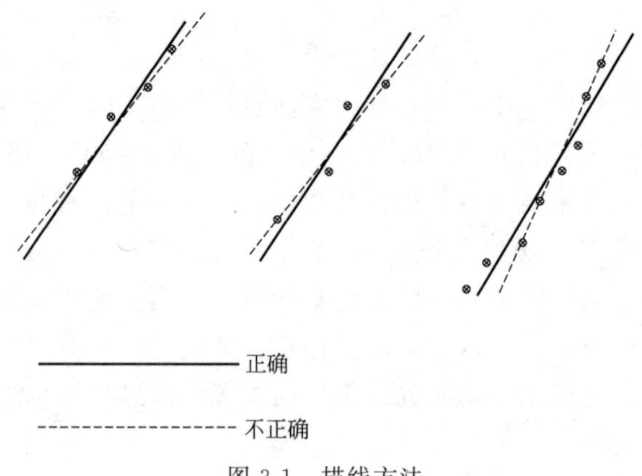

图 3-1　描线方法

⑥ 在曲线的极大、极小或拐点附近应多取一些点，以保证曲线所表示的规律可靠。如果发现有个别点远离曲线，又不能判断被测物理量在此区域会发生什么突变，此时需要分析是否有偶然性的过失误差，如果确属这一情况，描线时可不考虑这一点。但是如果重复实验时仍有同样情况，就应在这一区间重复进行仔细的测量，搞清在此区域内是否存在某些必然规律，并严格按照上述原则描线，切不可毫无理由地丢弃离曲线较远的点。数据图形绘制好之后，须写上图的名称和实验时的条件等文字说明。

3.5　实验报告的撰写要求及格式

实验报告是描述、记录、讨论某个实验过程和结果的文档。实验人员应翔实记录实验过程和结果，有时为了进一步阐明自己的实验结果和观点，可以引用他人的文献。

规范的实验报告是科学论文的初步形式，因此应遵循一定的写作要求，以便于他人查阅和进行交流。实验报告一般分为以下几个部分。

（1）实验基本信息　包括实验名称、组别、实验者、实验日期、指导教师等。

（2）实验目的　包括所需掌握的相关背景知识及要求实验者必须熟练掌握、了解和理解的内容。

（3）实验原理　与本实验相关的实验说明及化学反应式。

（4）实验用品和试剂　列出实验过程中使用到的仪器用品、试剂名称、浓度等信息。

（5）实验内容　切忌照抄讲义内容，制备实验应以流程图的形式把实验过程中涉及的单元操作及其条件用框图进行表达（见示例 1）；性质实验应以表格的形式书写（见示例 2）。

（6）实验结果　这是实验报告的重点。要客观、条理清晰地陈述所观察到的实验现象，并用图、表等形式报告实验所得到的测量数据和处理结果，包括平均值、相对误差、平均相对误差等。图形和表格应该按照科技论文的格式要求进行绘制，并且使用计算机软件制图。

（7）结果分析与讨论　实验者需运用所学到的专业知识进一步分析和讨论实验结果，说明该结果反映的理论或者规律。若有与事实或已知不符的现象，还需进一步加以解释。

（8）思考题　作为首次接触实验操作的初学者，学生应根据指导教师的要求完成此项内容。

无机化学实验报告（示例1）

实验名称：____

__________学院__________班　姓名__________　实验室__________　日期__________

一、实验目的

二、实验原理

三、实验仪器用品和试剂

四、实验内容

箭头上下写操作条件 → [方框内写单元操作名称] → [ ] →

→ [ ] → [ ] →…

五、现象与结果

现象：__________

称重：原料__________　　产品__________

产率：__________

六、产品性质检验

七、结果分析与讨论

八、思考题

无机化学实验报告（示例 2）

实验名称：________________________________

______学院______班　姓名______　实验室______　日期______

一、实验目的

二、实验原理

三、实验仪器用品和试剂

四、实验内容

实验内容	实验现象	离子反应式或解释说明

五、结果分析与讨论

六、思考题

无机化学实验报告的书写还有以下格式，初学者可以参考学习。

无机化学基本化学原理实验报告（Ⅰ）

实验名称：______________________________

__________学院__________班　姓名__________　实验室__________　日期__________

一、实验目的

二、实验原理

三、实验内容

1. ....

步骤

现象

解释

反应式(根据讲义要求)

2. ....

步骤：

现象：

解释：

3. 数据记录

4. 结果处理

四、问题和讨论

无机化学基本化学原理实验报告（Ⅱ）

实验名称：______________________________

__________学院__________班　姓名__________　实验室__________　日期__________

一、实验目的
二、实验原理(简述)
三、实验操作
四、实验过程主要现象
五、实验结果
六、问题和讨论

第4章 无机化学实验的基本操作

4.1 玻璃仪器的洗涤和干燥

4.1.1 玻璃仪器的洗涤

清洗玻璃仪器是进行化学实验的第一步。如果使用不干净的仪器进行实验，仪器上的杂质和污物将会对实验产生影响，从而得不到正确的结果，甚至导致实验失败。实验结束也需要及时清洗仪器，不清洁的仪器长期放置后，将会使洗涤工作更加困难。因此，每一位实验人员都应掌握正确的玻璃仪器洗涤方法。

玻璃仪器可根据实验的要求、污物的性质和脏污的程度，以及仪器的类型和形状来选择合适的洗涤方法。玻璃仪器干净的标准是用水冲洗后，仪器内壁能均匀地被水润湿而不沾附水珠，如果仍有水珠沾附内壁，说明仪器内部还未洗净，需要进一步清洗。但在有些情况下，如一般的无机物制备、性质实验等对玻璃仪器的洁净程度要求不高，此时只需将玻璃仪器刷洗干净，不要求内壁不挂水珠。

通常，玻璃仪器的污物主要有灰尘、可溶性/不可溶性物质、有机物和油污等，洗涤方法可分为如下几种，实际工作中应根据实验的要求来选择合适的洗涤方法。

(1) 一般洗涤　一般先用自来水冲洗仪器上的灰尘和易溶物，然后选用合适的毛刷，蘸取少量洗衣粉或合成洗涤剂在润湿的仪器内、外壁刷洗，除去油污和有机物质，然后再用自来水冲洗。洗涤仪器时应该一个一个地清洗，这样可避免同时清洗多个仪器时碰坏或摔坏仪器，洗涤试管尤其需要注意避免试管刷底部的铁丝将试管捅破。

若是玻璃仪器被大量油脂沾污，可以将仪器在热碱溶液中浸泡一段时间后再取出，用自来水冲洗，直至残留在容器内的碱液全部洗去为止。

自来水洗涤后的玻璃仪器往往残留有少量的 Ca^{2+}、Mg^{2+}、Cl^- 等离子，可用蒸馏水或去离子水漂洗几次除去杂质离子。用蒸馏水或去离子水漂洗玻璃仪器时应遵循“少量多次”的原则，通常使用洗瓶进行操作。挤压洗瓶的瓶身，瓶内的蒸馏水或去离子水均匀地喷射在内壁上，转动玻璃仪器进行洗涤，最后将水倒掉，如此重复几次即可。“少量多次”的洗涤方式既可提高效率，又可节约用水。

(2) 铬酸洗液洗涤　洗液洗涤常用于一些形状特殊、容积精确、不宜用毛刷刷洗的容量仪器，例如滴定管、移液管、容量瓶等。

铬酸洗液是一种具有强酸性、强腐蚀性和强氧化性的暗红色溶液，对具有强还原性的污物如有机物、油污的去污能力特别强，在使用时应注意安全，不要溅到皮肤、衣服上。铬酸洗液可按下述方法配制：将 25g 固体 $K_2Cr_2O_7$ 在加热下溶解于 50mL 水中，冷却后边搅拌边向溶液缓慢加入 450mL 浓硫酸（**注意切勿将 $K_2Cr_2O_7$ 溶液加到浓硫酸中**），冷却后贮存在试剂瓶中备用。

用洗液洗涤仪器的一般步骤如下：仪器先用自来水冲洗，并把仪器中的残留水尽量倒净，以免稀释洗液。然后向仪器中加入少许洗液，倾斜仪器并使其慢慢转动，使仪器的内壁全部被洗液润湿，重复2～3次即可。如果能用洗液将仪器浸泡一段时间，或者用热的洗液洗涤，则洗涤效果更佳。仪器用洗液清洗后再用自来水冲洗，最后用蒸馏水或去离子水漂洗几次，用过的洗液可以倒回洗液瓶重复使用。

洗液易吸潮失效，所以应盖好盛装洗液的瓶子。多次使用后的洗液如果颜色变成绿色（[Cr(Ⅵ) 变为 Cr(Ⅲ)]），则丧失了去污能力。失效的洗液可通过下述方法再生：首先将失效的洗液在110～130℃下进行搅拌浓缩，以除去其中的水分。当水分被除尽后，让其冷却至室温，然后按每升浓缩液加入10g固体 $KMnO_4$ 的比例，缓缓加入 $KMnO_4$ 粉末，边加边搅拌，直至溶液呈深褐色或微紫色为止，加热洗液至有 SO_3 气体出现，停止加热。稍冷后用玻璃砂芯漏斗过滤除去沉淀，滤液冷却后即析出红色 CrO_3 沉淀。在含有 CrO_3 沉淀的溶液中再加入适量浓 H_2SO_4 使其溶解，即成洗液，可继续使用。

少量的废洗液可加入废碱液或石灰使其生成 $Cr(OH)_3$ 沉淀，将此废渣集中于指定地点进行处理，以防止铬的污染。

（3）特殊污垢的洗涤　针对仪器上的不溶于水的污垢，特别是原来未清洗而长期放置的仪器，可以根据污垢的性质选用合适的试剂经化学溶解后进行除去。一些常见污垢的处理方法见表4-1（你知道这些处理方法是基于什么原理吗?）。

表4-1　常见污垢的处理方法

污垢	处理方法
碱土金属的碳酸盐、$Fe(OH)_3$、一些氧化剂如 MnO_2 等	用稀 HCl 处理，MnO_2 需要用 $6mol \cdot L^{-1}$ 的 HCl
沉淀的金属如银、铜	用 HNO_3 处理
沉积的难溶性银盐	用 $Na_2S_2O_3$ 溶液洗涤，Ag_2S 则用热的浓 HNO_3 处理
高锰酸钾污垢	用草酸溶液处理(沾附在手上也可用此法)
黏附的硫黄	用煮沸的石灰水处理 $3Ca(OH)_2 + 12S \longrightarrow 2CaS_5 + CaS_2O_3 + 3H_2O$
瓷研钵内的污迹	先用少量食盐在研钵内研磨，倒掉后再用水洗
残留的 Na_2SO_4、$NaHSO_4$ 固体	用沸水使其溶解后趁热倒掉
沾有碘迹	可用 KI 溶液浸泡；用温热的稀 NaOH 或用 $Na_2S_2O_3$ 溶液处理
被有机试剂染色的比色皿	可用体积比为 1∶2 的盐酸-酒精溶液处理
有机反应残留的胶状或油状有机物	视情况用低规格或回收的有机溶剂(如乙醇、丙酮、苯、乙醚等)浸泡；或用稀 NaOH，浓 HNO_3 煮沸处理
一般油污及有机物	用洗液处理

4.1.2　玻璃仪器的干燥

对于需要使用干燥仪器的实验，必须对洗涤干净的仪器进行干燥。仪器的干燥方法有如下几种。

（1）自然干燥　将洗净的仪器倒立放置并加以固定。倒置可以让未除尽的水从仪器中流出，并防止灰尘落入。

（2）烘干　电热恒温干燥箱简称烘箱（图4-1），是实验室常用的烘干设备，主要用于干燥玻璃仪器或烘干无腐蚀性、热稳定性比较好的试剂，但挥发性易燃品以及刚用酒精、丙酮淋洗过的仪器切勿放入烘箱内，以免发生爆炸。

图4-1　电热恒温干燥箱

烘箱带有自动控温装置，可根据需要选用不同的烘干温度。烘箱的温度一般可达200℃，实验常用的温度为100～120℃。

使用烘箱烘干玻璃仪器的具体做法是：先将仪器洗净并将水尽量倒干，然后平放仪器或使其口朝上（口朝上的仪器要注意避免烘箱中的铁锈落入仪器中），带塞的瓶子应打开瓶塞。为能放置整齐，建议将仪器放在托盘上进行烘干。关上烘箱的门，设定好烘干温度，开启电源进行烘干。烘干结束，需待烘箱温度降至室温后再取出仪器（**注意：热的玻璃仪器不能碰水，以防破裂**）。烘干的试剂一般取出后应立即放入干燥器里保存，以免暴露在空气中又吸收水分。

（3）吹干　即利用热或冷的空气流将玻璃仪器干燥，常用电吹风机或“玻璃仪器气流干燥器”进行操作。用吹风机吹干时，一般先用热风吹玻璃仪器的内壁，待吹干后再吹冷风使其冷却。如果先用易挥发的溶剂如乙醇、乙醚、丙酮淋洗仪器，将淋洗液倒净后再用吹风机按冷风-热风-冷风的顺序吹干，可缩短干燥时间。另一种方法是将洗净的仪器直接放在气流干燥器上（图4-2）进行干燥。

（4）烤干　实验室常用的烤干设备有煤气灯、酒精灯、电炉等，不同的仪器可以选用不同的烤干设备。对于烧杯、蒸发皿，可将这些仪器置于石棉网上用小火烤干，烘烤前应先擦干仪器外壁的水珠。试管烤干时应使试管口向下倾斜，以免水珠倒流炸裂试管（图4-3）。烤干时应先从试管底部开始，缓慢移向管口，不见水珠后再将管口朝上，把水汽赶尽。

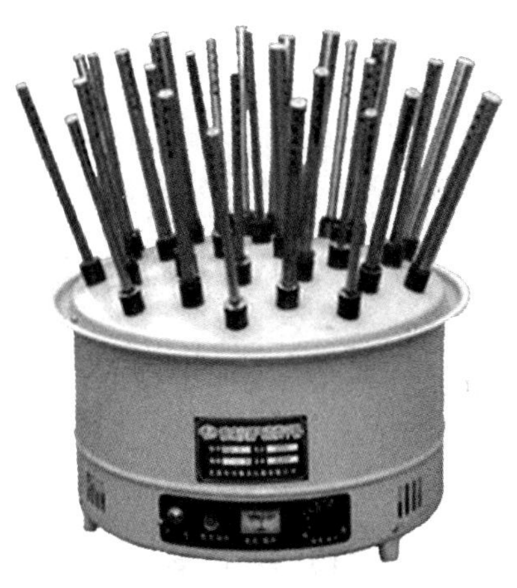
图4-2　气流干燥器

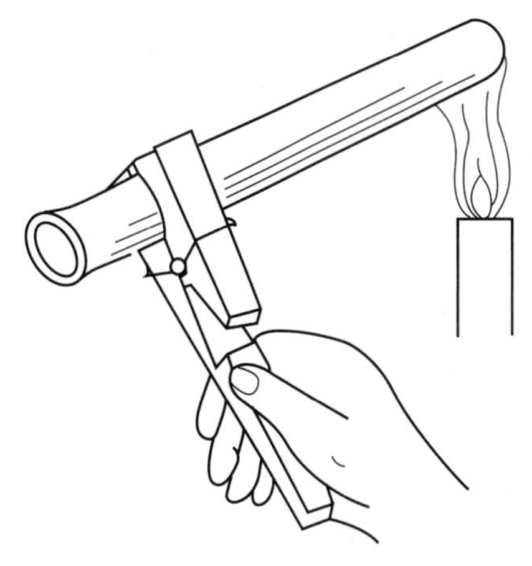
图4-3　烤干试管

对于带有刻度的计量仪器，如移液管、容量瓶、滴定管等，不宜用加热的方法干燥，因为热胀冷缩会影响这些仪器的精密度。对于带有玻璃磨口或者活塞的仪器（如酸式滴定管、分液漏斗等），洗净后放置时，应该在磨口处和活塞处垫上小纸片，以防止长期放置后接口处粘连不易打开。

4.1.3　干燥器的使用

干燥器是一种带有磨口盖子的厚质玻璃器皿，底部装有干燥剂（如变色硅胶、无水氯化钙等），磨口处涂上一薄层凡士林可使其密合紧密，有效防止水汽进入。易吸水、潮解的固体试剂或灼烧后的坩埚等可放入干燥器内，以防止其再次吸收空气中的水分。干燥器的开启方法如图 4-4(a) 所示，由于凡士林的作用使得干燥器密闭得很紧，故不能直接向上打开干燥器的盖子，应用左手握住干燥器，右手按住盖子的圆顶，向左前方（或向右）推开盖子。温度很高的物体（例如灼烧过的坩埚或物品等）放入干燥器时，不能将盖子完全盖严，应该留一条很小的缝隙，待冷却后再盖严，否则盖子易被内部热空气冲开而打碎，或者由于冷却后产生负压而难以打开。搬动干燥器时，应用两手的拇指同时按住盖子［图 4-4(b)］，以防盖子滑落打碎。

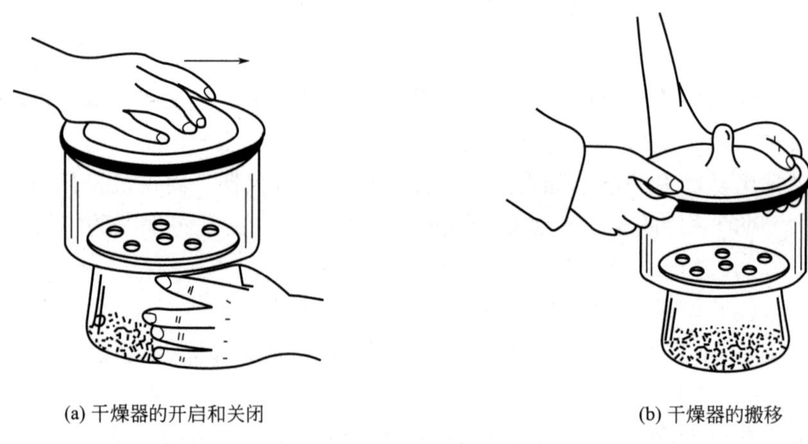

(a) 干燥器的开启和关闭　　(b) 干燥器的搬移

图 4-4　干燥器的使用

4.2　试剂的取用和溶液配制

取用试剂应遵循两个原则：节约和不造成试剂污染。在满足实验要求的前提下尽量节约试剂，多余的试剂不应倒回原试剂瓶内，有回收价值或需处理后才能排放的试剂应放入指定的回收瓶中。

4.2.1　固体试剂的取用

取用固体试剂可用牛角匙、不锈钢药匙和塑料匙。根据试剂的量选用不同大小的药匙，药匙使用前必须保持清洁、干燥，使用时要求专匙专用，试剂取用后应立即盖紧瓶塞或瓶盖，并将药匙清洗干净。

称取一定量的固体试剂时，可根据固体试剂的性质选用不同的器皿盛放，例如称量纸、烧杯、表面皿、称量瓶等。根据称量要求选用不同精度的天平（托盘天平、0.01g 天平或分析天平）进行称量。称量腐蚀性或易潮解的试剂时，不能放在称量纸上，而应放在烧杯、表面皿等玻璃容器内。颗粒较大的固体应在研钵中研碎后再称量，研钵中所盛固体量不得超过研钵容积的 1/3。

4.2.2　液体试剂的取用

（1）从细口试剂瓶中取用试剂的方法　取下试剂瓶的瓶塞倒放于桌面上，左手拿住容器（如试管、量筒等），右手握住试剂瓶（试剂瓶的标签应向手心），倒出所需量的试剂，如图 4-5 所示。倒完试剂后应将试剂瓶的瓶口在容器内壁上靠一下，再使瓶子竖直，这样可避免瓶口上的液滴沿试剂瓶外壁流下。

将液体从试剂瓶中倒入烧杯时，可用玻璃棒引流。具体做法如图 4-6 所示：用右手握试剂瓶（标签应向手心），左手拿玻璃棒，使玻璃棒的下端斜靠在烧杯中，将瓶口靠在玻璃棒上，使液体沿着玻璃棒往下流。

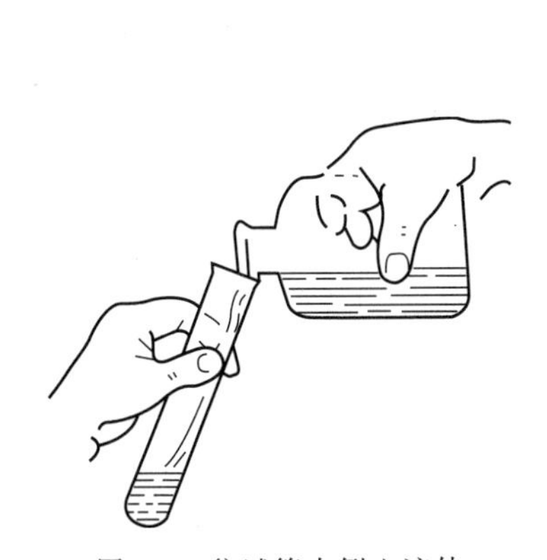

图 4-5　往试管中倒入液体

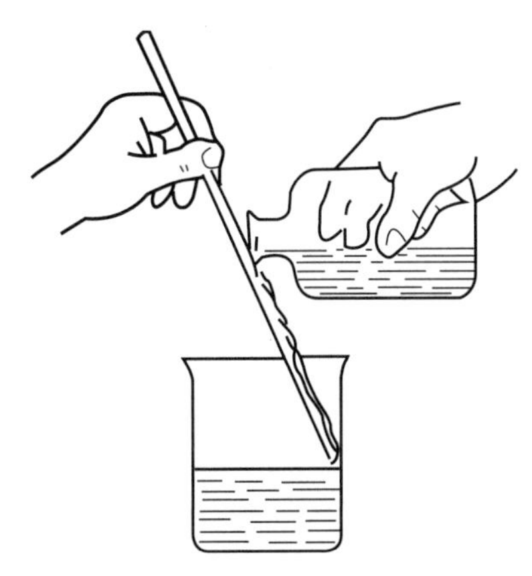

图 4-6　往烧杯中倒入液体

（2）从滴瓶中取用少量试剂的方法　从滴瓶中取出滴管，使管口离开液面，然后用手指捏紧滴管上部的橡皮头排去空气，再把滴管伸入试剂瓶中吸取试剂。往试管中滴加试剂时，只能把滴管尖头放在试管口的上方滴加，如图 4-7（a）所示，严禁将滴管伸入试管内，以免滴管尖头接触试管壁上的其他试剂而污染滴瓶中的试剂，如图 4-7（b）所示。滴瓶的滴管应做到“专管专用”，一个滴瓶上的滴管不能用来移取其他试剂瓶中的试剂，也不能用其他滴管伸入试剂瓶中吸取试剂，以免污染试剂。长时间不用的滴瓶，滴管可能与试剂瓶口粘连而无法提起，这时可在瓶口处滴上几滴蒸馏水，让其润湿后轻摇一下再提起。

定量取用液体试剂时，根据要求可选用量筒或移液管等。在取用试剂前，要注意核对标签，确认无误后才能取用。各种试剂的瓶塞取下后不能随意乱放，一般应倒置放在实验台上。取用试剂后要及时盖好瓶塞，注意不要盖错（滴瓶的滴管更不应放错）。用完后应及时将试剂瓶放回原处，以免影响他人使用。

取用易挥发的试剂，如浓 HNO_3、浓 HCl、液溴等，应在通风橱中操作，防止污染室内空气。取用剧毒及强腐蚀性的试剂要注意安全，不要碰到手上，以免发生伤害事故。

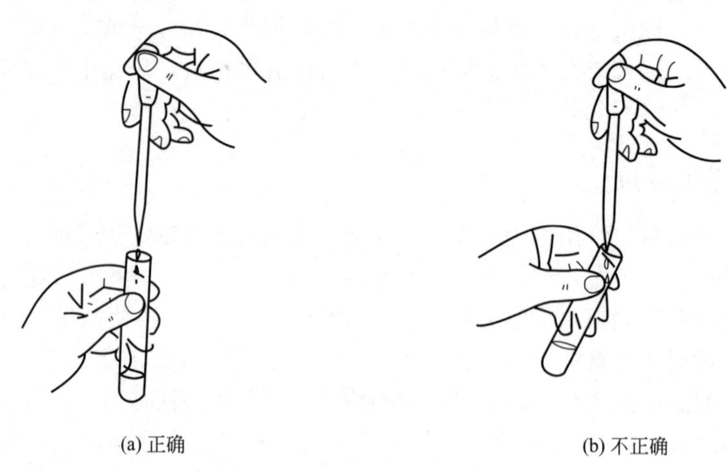

(a) 正确　　(b) 不正确

图 4-7　往试管中滴加液体

4.2.3　溶液的配制

试剂配制一般是指把固态的试剂溶于溶剂配制成溶液，或把液态试剂（浓溶液）加水稀释为所需的稀溶液。配制溶液首先按需配制试剂的纯度和浓度要求，选出所需级别的化学试剂并计算出用量，称量试剂置于容器中，加入溶剂，搅拌溶解。必要时可加热促使其溶解，再补足溶剂至所需的体积，混合均匀，即得所配制的溶液。用液态试剂（或浓溶液）稀释时，先根据试剂或浓溶液的密度或浓度算出所需液体的体积，用量器量取后再加入所需的水，混合均匀即可。配制饱和溶液时，所用溶质质量应比计算量稍多，加热使之溶解后冷却，待结晶析出后，取用上层清液即为饱和溶液。

溶液配制过程中加热和搅拌可加速溶解，但搅拌不宜太剧烈，不能使玻璃棒触及烧杯内壁。如果有较高的溶解热产生，则配制溶液的操作一定要在烧杯中进行。

配制易水解的盐溶液时，不能直接将盐溶解在水中，而应先溶解在相应的酸溶液［如 $SnCl_2$、$SbCl_3$、$Bi(NO_3)_3$ 等］或碱溶液（如 Na_2S、NaOH 等）中，然后再用去离子水稀释到所需的浓度，这样可防止水解。对于易被氧化的低价态金属盐类［如 $FeSO_4$、$SnCl_2$、$Hg_2(NO_3)_2$ 等］，不仅需要酸化溶液，而且应在溶液中加入相应的纯金属，以防低价金属离子被氧化。

4.3　加热装置

化学实验中常用的加热仪器有酒精灯、酒精喷灯、煤气灯、电炉、电加热套等。

4.3.1　酒精灯

酒精灯的加热温度通常为 400～500℃，适用于不需太高加热温度的实验。酒精灯由灯罩、灯芯和灯壶三部分组成（图 4-8）。添加酒精时必须将燃烧的酒精灯熄灭，借助漏斗将酒精注入，酒精的加入量最多为灯壶容积的 2/3。点燃酒精灯时，绝对不能用另一盏燃着的酒精灯去点燃，而应该用火柴（图 4-9），以免洒落酒精引起火灾。熄灭时，不能用嘴吹，用灯罩盖上即可。灯罩盖上片刻后，还应将灯罩再打开一次，以免盖内冷却产生负压导致打开困难。

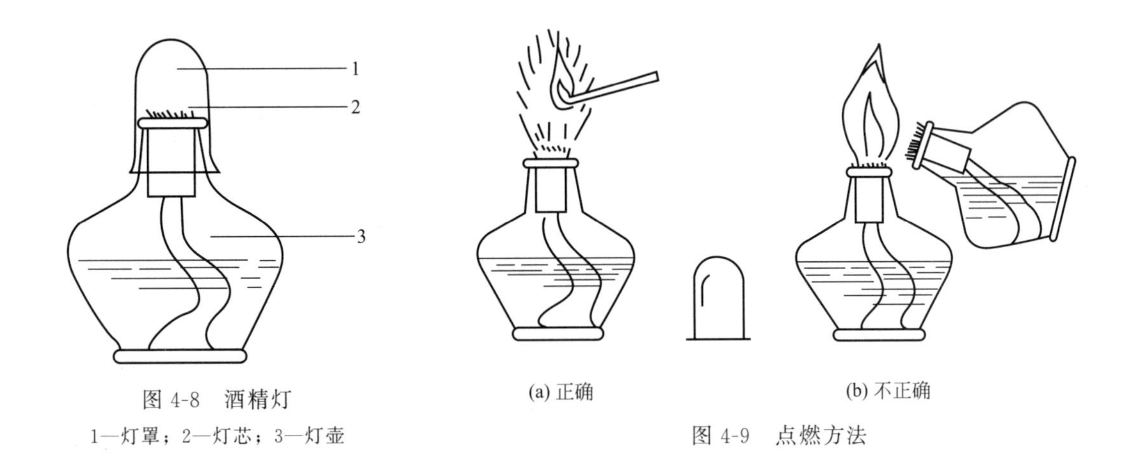

图 4-8 酒精灯
1—灯罩；2—灯芯；3—灯壶

图 4-9 点燃方法

4.3.2 酒精喷灯

燃烧汽化酒精的酒精喷灯可产生 700～900℃的高温。酒精喷灯分挂式和座式两种，如图 4-10 和图 4-11 所示，它们的使用方法相似。首先在酒精灯壶内或储罐内加入酒精（**注意在使用过程中不能续加，以免着火**），然后在预热盘中加满酒精并点燃（挂式喷灯应在点燃喷灯前先打开储罐下面的开关，从灯管口冒出酒精后再关上），让酒精火焰将灯管灼热，待预热盘中的酒精燃尽后，打开空气调节器并用火柴将灯点燃。使用完后关闭空气调节器，或用石板盖住灯口，即可将灯熄灭。

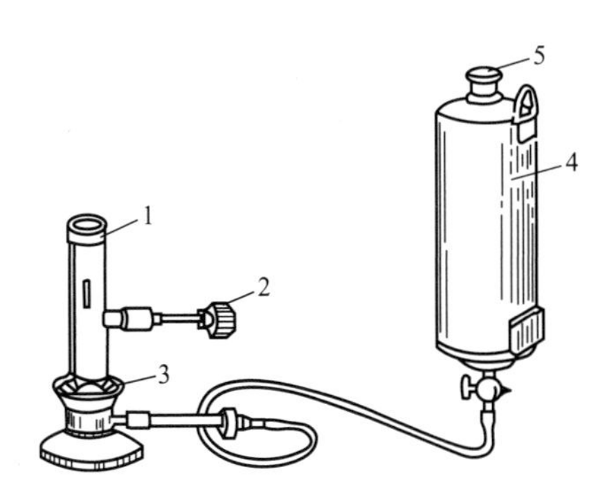

图 4-10 挂式酒精喷灯
1—灯管；2—空气调节器；3—预热盘；
4—酒精储罐；5—储罐盖

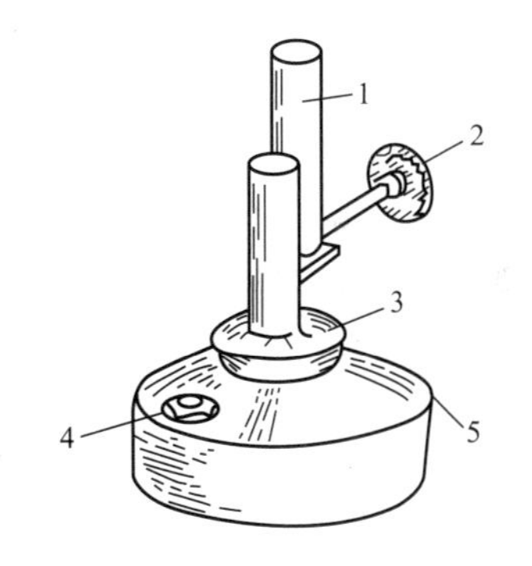

图 4-11 座式酒精喷灯
1—灯管；2—空气调节器；3—预热盘；
4—壶盖；5—酒精灯壶

座式喷灯最多使用半小时，挂式喷灯可以使用较长时间，但是也不可将罐里的酒精一次用完。若需连续使用，应待喷灯熄灭，冷却，添加酒精后再次点燃。使用时必须待灯管灼热后再点燃，以免造成液体酒精喷出引起火灾。挂式喷灯不用时，应将储罐下面的开关关闭。

4.3.3 煤气灯

煤气灯是一种使用十分方便的加热装置，它主要由灯管和灯座组成。如图 4-12 所示，灯管下部有螺旋与灯座相连，并开有作为空气入口的圆孔。旋转灯管，可关闭或打开空气入口，以调节空气进入量。灯座侧面为煤气入口，用橡皮管与煤气管道相连；灯座侧面（或下面）有螺旋形针阀，可调节煤气的进入量。

使用煤气灯的步骤是：先关闭煤气灯的空气入口，将点燃的火柴移近灯口时再打开煤气管道开关（可否颠倒操作顺序?），将煤气灯点燃。然后调节煤气和空气的进入量，使两者的比例合适，得到分层的正常火焰，火焰大小可用管道上的开关控制。加热结束时，关闭煤气管道上的开关，即可熄灭煤气灯（**注意切勿吹灭**）。

煤气灯的正常火焰分三层，如图 4-13 所示，煤气完全燃烧的外层（图中 1）称为氧化焰，呈淡紫色；煤气不完全燃烧的中层（图中 3）因分解有含碳的化合物，这部分火焰具有还原性，称为还原焰，呈淡蓝色；煤气和空气进行混合并未燃烧的内层（图中 4）称为焰心。正常火焰的最高温度在还原焰顶部上端与氧化焰之间（图中 2 处），温度可达 800～900℃。

要获得正常的火焰，空气和煤气的比例必须合适。如果火焰呈黄色或产生黑烟，说明煤气燃烧不完全，应调大空气进入量；如果煤气和空气的进入量过大，火焰会脱离灯管口上方临空燃烧，称为临空火焰［图 4-14（a)］，这种火焰容易自行熄灭；若煤气进入量小（或煤气突然降压）而空气比例很高时，煤气会在灯管内燃烧，在灯口上方能看到一束细长的火焰并能听到特殊的嘶嘶声，这种火焰称为侵入火焰［图 4-14(b)］，片刻即能把灯管烧热，如不小心很容易烫伤手指。遇到后两种情况，应关闭煤气阀，重新调节进气入口后再点燃。

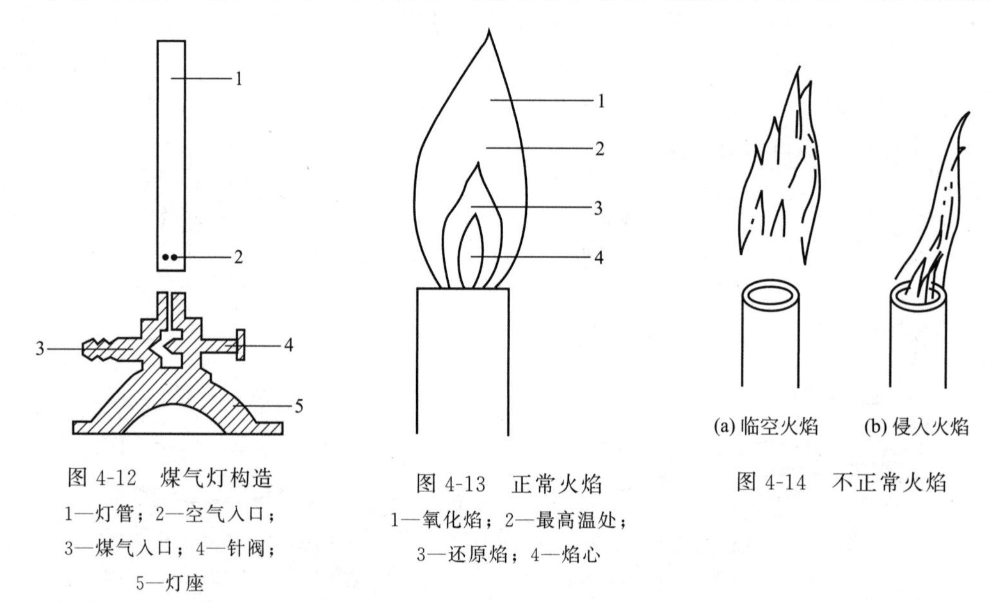

图 4-12　煤气灯构造
1—灯管；2—空气入口；
3—煤气入口；4—针阀；
5—灯座

图 4-13　正常火焰
1—氧化焰；2—最高温处；
3—还原焰；4—焰心

图 4-14　不正常火焰

煤气是一种含有 CO 的有毒气体，使用时要注意安全。为了能及时觉察是否漏气，一般煤气中都加有带特殊臭味的报警杂质。一旦发觉漏气的臭味，应关闭煤气灯，及时查明漏气的原因并加以处理。

4.3.4　电加热装置

电炉、电加热套、恒温水浴装置以及高温电炉等是实验室中常用的电加热装置，可根据实验的需要进行选用。

实验室中常用的电炉（图 4-15）有 500W、800W、1000W、1500W 等规格，可根据需要选用合适的型号和规格。使用时一般在电炉丝上放一块石棉网，再放需要加热的仪器，这样既可增大加热面积，又可使加热更加均匀。温度的高低可通过调节电阻来控制，使用时还应注意不要让加热的试剂等液体滴溅在电炉丝上，以免损坏电炉丝。

电加热套（图 4-16）是由玻璃纤维包裹着电炉丝织成的“碗状”电加热器，温度高低由控温装置调节，最高温度可达 400℃。电加热套有各种型号，其容积大小的选用原则一般与被加热的烧瓶容积相匹配。电加热套具有受热面积大、加热平稳等特点。

图 4-15　电炉

图 4-16　电加热套

管式炉（图 4-17）和箱式炉（图 4-18）均属于高温电炉，主要用于高温灼烧或进行高温反应，尽管它们的外形不同，但均由炉体和电炉温度控制两部分组成。当加热元件是电热丝时，最高温度为 950℃；如果用硅碳棒加热，最高温度可达到 1400℃。

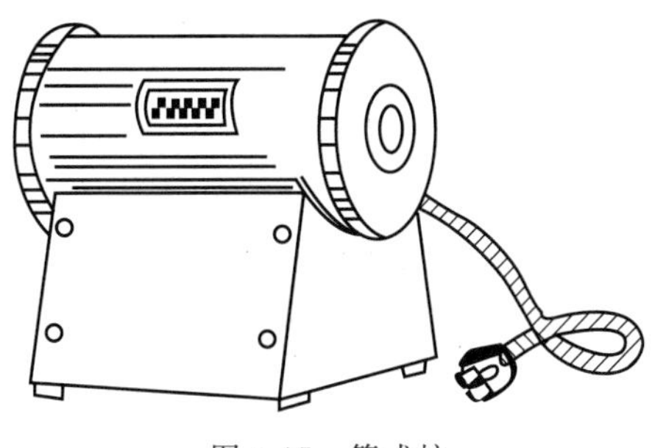

图 4-17　管式炉

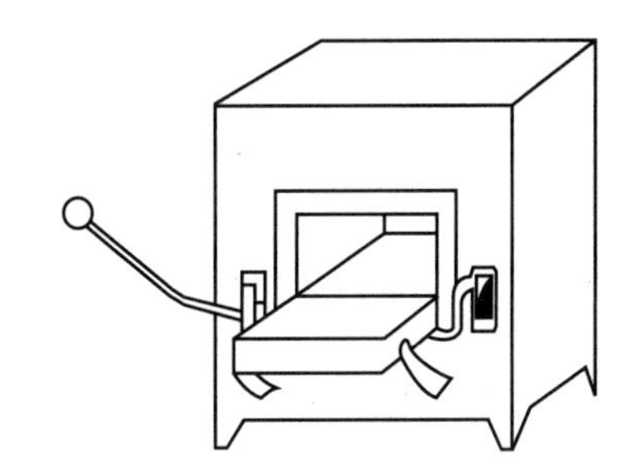

图 4-18　箱式炉

管式炉的炉膛为管式，是一根耐高温的瓷管或石英管。反应物先放入瓷舟或石英舟中，再放进瓷管或石英管内加热。较高温度的恒温部分位于炉膛中部。固体灼烧可以在空气气氛或其他气氛中进行，也可以进行高温下的气、固反应。在通入别的反应气体或保护性气体时，瓷管或石英管的两端应该用带有导管的塞子塞上，以便导入气体和引出尾气。

4.4　加热操作

扫封底二维码
看视频

按加热的方式划分，加热可分为直接加热和间接加热。

4.4.1　直接加热

直接加热是将被加热的物体直接放在热源中进行加热，例如在煤气灯上加热试管，或在电炉上加热烧杯等。

4.4.2　间接加热

间接加热是先用热源将某些介质加热，介质再将热量传递给被加热的物体，这种方法称为热浴。根据所用的介质来命名热浴，如用水作为加热介质称为水浴，类似的还有油浴、沙浴等。热浴的优点是加热均匀，升温平稳，并能使被加热物体保持一定温度。

图 4-19　水浴锅

(1) 水浴　水浴是用水作为加热介质的一种间接加热法，水浴加热常在水浴锅上进行。水浴锅（图 4-19）的盖子由一组大小不同的同心金属圆环组成，可以根据被加热的器皿大小选用合适的圆环，以尽可能增大容器的受热面积而又不使器皿掉进水浴锅中。水浴锅内水量不要超过其容积的 2/3。水浴锅用煤气灯等热源加热，利用热水或产生的蒸汽使上面的器皿升温［图 4-20 (a)］。实验室也常用烧杯代替水浴锅，对试管进行水浴加热［图 4-20 (b)］；或者在烧杯上放置蒸发皿作为简易的水浴加热装置，进行蒸发浓缩。在水浴加热操作中，使水浴中水的液位略高于被加热容器内反应物的液位，可得到更好的加热效果。若要使水浴保持一定的温度，在要求不太高的情况下，将水浴加热至所需温度后改为小火加热。加热过程中注意补充水浴锅中的水，切勿蒸干。此外，为了便于恒温加热，还可以采用电子恒温水浴槽（图 4-21）。水浴槽为一长方形水槽，在水槽下部装有电热管并带有自动控温装置，加热温度易控。水浴槽上部有一不锈钢网板，上面设计有多个环形的圈盖，可根据被加热器皿的大小选用圈盖套在被加热器皿上面进行固定。

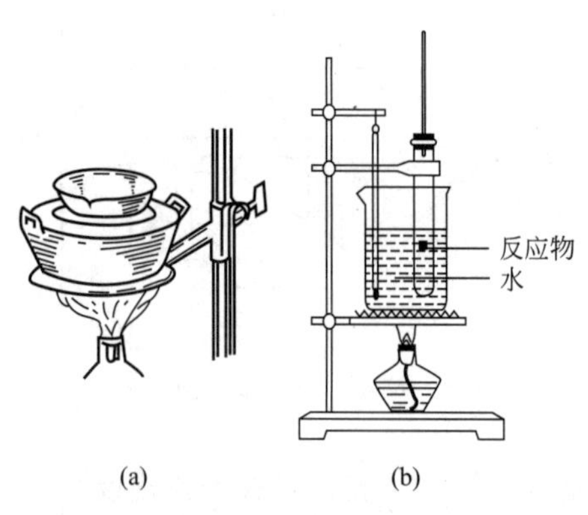

图 4-20　水浴加热

图 4-21　电子恒温水浴槽

(2) 油浴　用油代替水浴中的水即成油浴。油浴的最高温度一般可达 100～250℃，是由所用油的种类决定的。透明石蜡油可加热至 200℃，温度再高也不分解，但易燃烧，这是实验室中最常用的油浴油。甘油可加热至 220℃，温度再高会分解。硅油和真空泵油加热至 250℃仍较稳定。使用油浴时，应在油浴中放入温度计观察温度，防止油温过高。由于油浴中的油在高温下易燃，所以使用时要加倍小心，发现严重冒烟时要立即停止加热。此外，注意不要让水滴溅入油浴锅中。

用电热丝代替明火加热油浴锅中的油，可使操作变得更为安全，若接入继电器和接触式温度计，便可实现自动控制油浴温度。

(3) 沙浴　在铁盘或铁锅中放入均匀的细沙，再将被加热的器皿部分埋入沙中，下面用煤气灯加热就成了沙浴。沙浴的加热温度不如水浴或油浴那样均匀、易控，升温比较缓慢，停止加热后，散热也较慢，加热温度可达数百摄氏度。若要测量沙浴的温度，可把温度计埋入器皿附近的沙中，但要注意温度计的水银球不要触及铁盘或铁锅底。

4.4.3　液体的加热

（1）加热试管中的液体　加热试管中的液体时，应控制液体的量不能超过试管容积的1/3，用试管夹固定试管加热，并使管口稍向上倾斜（图4-22），注意管口不要对着别人和自己，以免被爆沸溅出的溶液烫伤。加热时，应先加热液体的中上部，再向下移动加热底部，使各部分液体均匀受热。

（2）加热烧杯中的液体　不要用明火直接加热烧杯，而应在烧杯下面垫上石棉网（图4-23），使烧杯受热均匀。烧杯中的液体量不应超过烧杯容积的1/2，为了防止爆沸，加热时还要适当加以搅拌。

（3）蒸发、浓缩与结晶　蒸发、浓缩与结晶是物质制备实验中常用的操作，通过这些操作可将产品从溶液中提取出来。

图4-22　加热试管中的液体

图4-23　加热烧杯中的液体

由于蒸发皿具有大的蒸发表面，有利于液体的蒸发，所以蒸发浓缩通常在蒸发皿中进行。蒸发皿中的液体量不应超过其容量的2/3，加热方式可视被加热物质的性质而定。对热稳定的无机物，可以用煤气灯直接加热（**注意应先均匀预热**），一般情况下采用水浴加热，虽然水浴加热的蒸发速度慢，但是易于控制温度（注意不要使瓷质蒸发皿骤冷，以免爆裂）。

不同物质其溶解度往往相差很大，为了使溶质从溶液中析出，必须通过加热使一部分溶剂不断汽化而使溶液不断浓缩，蒸发浓缩的程度与待结晶物质的溶解度有关，因此控制好浓缩的程度非常重要。对于溶解度随温度变化不大的物质，为了获得较多的晶体，应在结晶析出后继续蒸发。若待结晶物质在常温的溶解度较小，但随温度升高溶解度明显增大，即溶解度曲线较陡的物质，应蒸发到溶液表面出现晶膜，此时溶液达到过饱和状态，冷却后即可析出晶体。若待结晶物质的溶解度随温度的升高而增大，此时需将溶液蒸发浓缩至有大量晶体析出，冷却后即可获得晶体。某些结晶水合物在不同温度下析出时所带结晶水数目不同，制备此类化合物时应注意要满足其结晶条件。对遇热容易分解的物质，应用水浴控温加热或更换溶剂（如乙醇等有机溶剂）的办法以降低其溶解度。对在水溶液中易发生水解的物质，应调节溶液的pH，以抑制其水解。

析出晶体的颗粒大小与结晶条件有关。如果溶液浓度高、快速冷却并加以搅拌，则会析出细小晶体。这是由于短时间内产生了大量的晶核，晶核形成速度大于晶体的生长速度。而溶液浓度较低或静置溶液并缓慢冷却则有利于大晶体生成。向过饱和溶液中加入一小粒晶体（称为“晶种”）或者用玻璃棒摩擦器壁，可加速晶体析出。从纯度上看，大晶体由于结晶完整、表面积小、夹带的母液少，并易于洗净，因此比细小晶体的纯度高。

为了得到纯度更高的物质，可将第一次结晶得到的晶体加入适量的蒸馏水/去离子水溶解后，再次进行蒸发、结晶，这种操作叫作重结晶，根据纯度要求可以进行多次结晶。重结晶提纯物质仅适用于溶解度随温度上升而显著增大的物质，对于溶解度受温度影响小的物质则不适用。

4.4.4　固体的加热

（1）加热试管中的固体　用煤气灯等明火直接加热试管中的固体时，由于温度高，不能直接用手拿住试管加热，应用试管夹夹持试管或将试管用铁夹固定在铁架台上，管口略向下倾斜（图 4-24），以防止凝结在管口处的水珠倒流到灼热的管底使试管破裂。

（2）固体的灼烧　坩埚常用于高温灼烧或熔融固体。按组成坩埚的材料，实验室常用的坩埚有瓷坩埚、氧化铝坩埚、金属坩埚等，实验操作时应根据需灼烧物料的性质及需要加热的温度来进行选用。加热时，将坩埚置于泥三角上（图 4-25），先用小火将坩埚均匀预热，然后加大火焰灼烧坩埚底部。根据实验要求控制灼烧温度和时间，通常用氧化焰灼烧，这样既可使加热的温度达到最高，又可避免不完全燃烧的还原焰使坩埚外部结上炭黑。夹取高温的坩埚时，必须使用干净的坩埚钳，坩埚钳使用前先在火焰上预热一下再去夹取。灼热的瓷坩埚及氧化铝坩埚绝对不能与水接触，以免坩埚爆裂。坩埚钳使用后应使尖端朝上放在桌子上，以保证坩埚钳尖端洁净。用煤气灯灼烧时可获得 700～800℃的温度，若需在更高温度下灼烧可使用马弗炉。

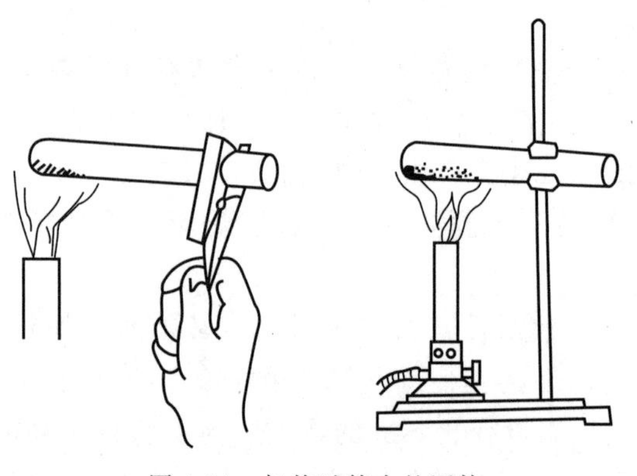

图 4-24　加热试管中的固体

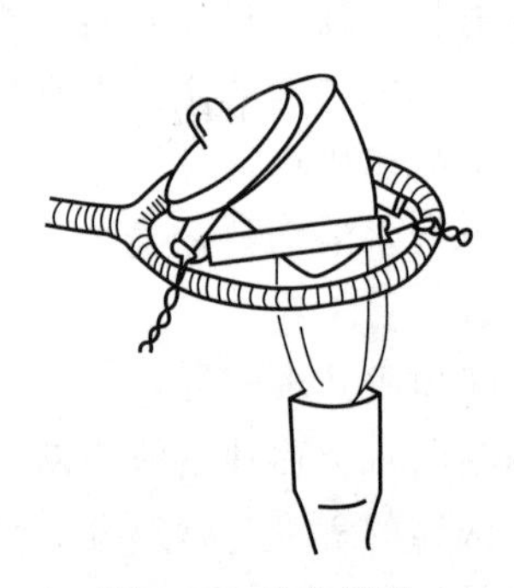

图 4-25　灼烧坩埚

4.5　称量的操作

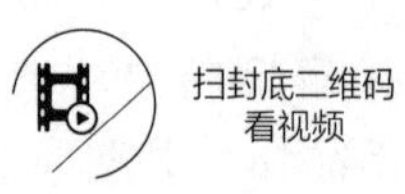

天平是化学实验中最常用的称量仪器。天平的种类很多，根据天平的平衡原理可分为杠杆式天平、电磁力式天平、弹力式天平和液体静力平衡式天平等四大类；根据天平的使用目的，可分为分析天平和其他专用天平；根据天平的精度，又可分为常量（0.1mg）、半微量（0.01mg）、微量（0.001mg）天平等。天平的使用应视实验对称量精度的要求而定，基础化学实验通常使用电子天平（图 4-26）和分析天平（图 4-27）进行称量。使用天平称取试样时，常用固定质量称量法或差减称量法。

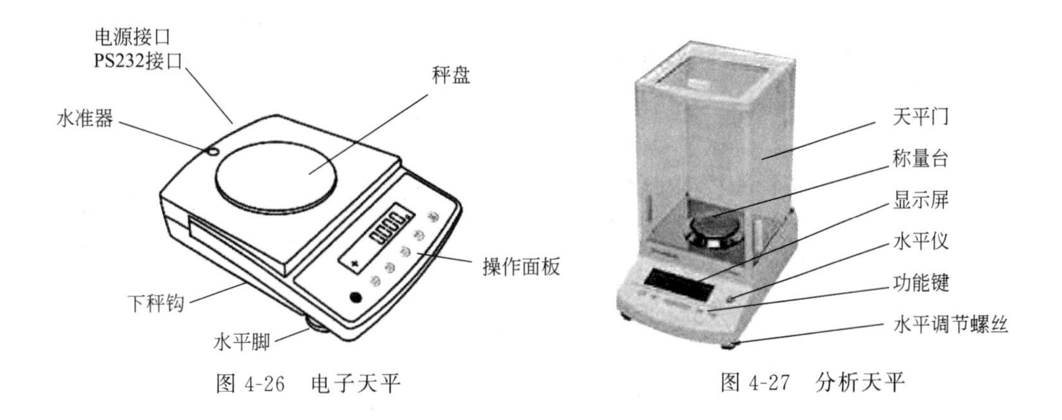

图 4-26　电子天平　　　图 4-27　分析天平

4.5.1　固定质量称量法

此法适用于不易吸水，在空气中稳定的试样的称量（如金属粉、矿粉等）。方法如下：将容器（或称量纸）置于天平盘上，去皮，然后用药匙将试样慢慢加入容器（或称量纸）中。当所加试样与指定的质量相差不到 10mg 时，应将盛有试样的药匙置于容器上方约 2cm 处，用食指轻弹勺柄，让试样少量地落入器皿中（图 4-28），使之与所需称量值相符。若不慎多加了试样，可用药匙取出多余的试样，再重复上述操作，直到满足要求为止。

图 4-28　固定质量称量法

图 4-29　试样敲击法

4.5.2　差减称量法

此法常用于称量易吸水、易氧化或易与二氧化碳反应的物质，对称量物质的质量仅需控制在某一范围。称量方法如下：用干净的纸条套住盛有样品的称量瓶，将其放到天平盘上，待读数稳定后，去皮。然后同样用纸条套住称量瓶后将它从天平盘上取下，并置于容器的上方，右手用小纸片包住瓶盖柄，打开瓶盖，将称量瓶一边慢慢地向下倾斜，一边用瓶盖轻轻敲击瓶口，使试样慢慢落入容器内（如图 4-29 所示），注意不要撒在容器外。当倾出的试样接近所要称取的质量时，将称量瓶慢慢竖起，再用称量瓶盖轻轻敲一下瓶口侧面，使黏附在瓶口上的试样落入瓶内，再盖好瓶盖。把称量瓶放回天平盘上称量，此时显示的负数值即为试样的质量。按上述方法连续递减，可称取多份试样。

4.6　量筒、移液管和容量瓶的使用

4.6.1　量筒

量筒常用来量取对体积精度要求不高的溶液或蒸馏水/去离子水。读取容积时，应使视线与仪器内液体的弯月面的最低处保持同一水平，弯月面最低点与刻度线水平相切的刻度为液体体积的读数（图 4-30）。

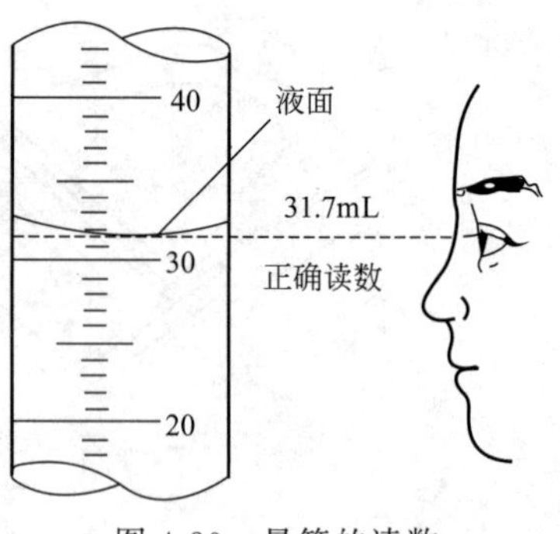

图 4-30　量筒的读数

4.6.2　移液管

移液管用于准确移取一定体积的液体。移液管有两种：一种是中间有一膨大部分的玻璃管（俗称胖肚吸管），管颈上部刻有一条标线［图 4-31(a)］；另一种是内径均匀的玻璃管，管上有分刻度，这种移液管又称为吸量管或刻度吸管［图 4-31(b)］。移液管在移取溶液前，需用少量被移取的溶液润洗 2～3 次。

（1）移液管的吸液操作（图 4-32）　用右手的大拇指和中指拿住移液管标线以上的部位，将移液管下端伸入液面下适当深度（视液面高低而定，通常为液面下 1～2cm。伸入太深，外壁会沾有过多液体；伸入太浅，液面下降时会吸入空气）。左手拿住洗耳球，先把球内空气压出，将洗耳球的尖端对准移液管的上管后慢慢松开左手手指，使液体吸入管内，移液管应随容器中液体液面的下降而往下移。当移液管中的液面升高到标线以上时，迅速移去洗耳球，立即用右手食指按住管口，将移液管从溶液中取出，并使管的下端靠在盛液容器的内壁，稍微放松食指，让移液管在拇指和中指间微微转动，使液面缓慢下降，至溶液的弯月面与标线相切时，立即用食指按紧管口，取出移液管，进行放液操作。

（2）移液管的放液操作（图 4-33）　将吸取了溶液的移液管插入接受溶液的容器中，将接受容器倾斜，使容器内壁紧贴移液管尖端管口，并成 45°左右。放松食指，让溶液自然顺壁流下。待溶液流尽后再停靠约 15s，取出移液管。注意：只有当使用标有“吹”字的移液管时，才须把管内的残液吹入接受溶液的容器内。如无标识，不得将管内尖端处残留的液滴吹出，因为在校正移液管的容量时没有考虑这一部分溶液。

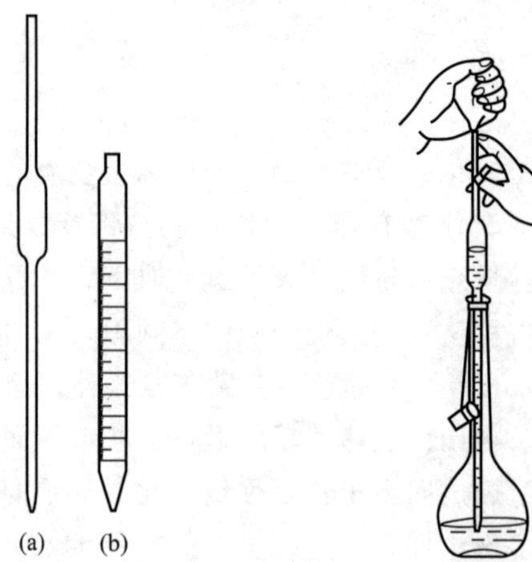

图 4-31　移液管（a）和吸量管（b）

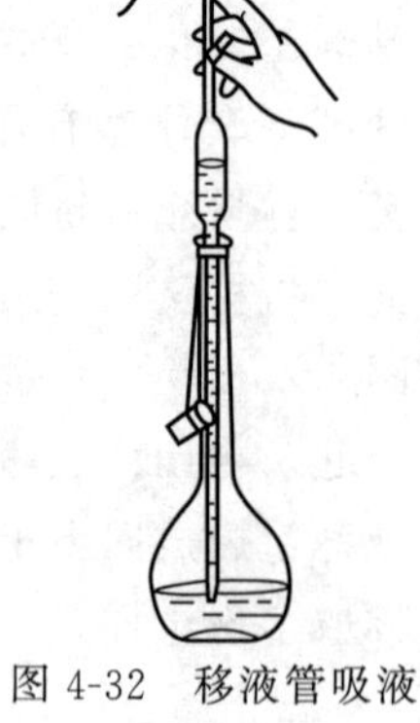

图 4-32　移液管吸液

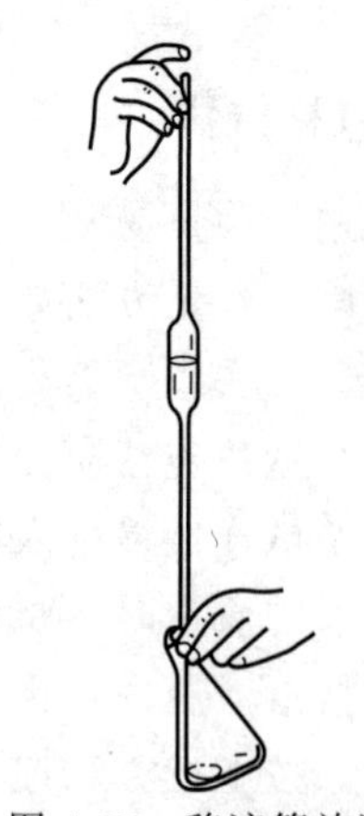

图 4-33　移液管放液

4.6.3 容量瓶

容量瓶是一种带有磨口塞或塑料塞的细颈梨形的平底玻璃瓶，主要用于配制具有准确浓度溶液。容量瓶的瓶颈上刻有标线，瓶的下部标出它的容积和标定时的温度，表示在所指温度（通常为20℃）下，当液体充满至标线时所具有的体积。容量瓶在使用前应检查是否漏水，如漏水则不能使用。检查方法是：将水装至标线附近，塞上塞子。如图4-34所示，将容量瓶倒立2min，如不漏水，将瓶直立，转动瓶塞180°后再测试一次。容量瓶的塞子是配套使用的，应用线绳系在瓶颈上，以免打破或遗失。如果用固体物质配制溶液，应先将已准确称量的固体溶解在烧杯中，再将溶液转移到容量瓶中（图4-35），并用少量去离子水多次冲洗烧杯，把洗涤液也转移到容量瓶中，以保证溶质全部转移。加入去离子水至容量瓶3/4左右容积时，将容量瓶拿起，沿水平方向摇转几圈，使溶液初步混匀。继续加水至标线下约1cm处，使用滴管小心加水至标线（小心操作，切勿加过标线）。最后盖好瓶塞，将容量瓶倒转数次，并加以摇动，使溶液充分混合均匀（图4-36）。如果是用已知准确浓度的浓溶液稀释成准确浓度的稀溶液，可用移液管吸取一定体积的浓溶液于容量瓶中，然后按上述操作方法稀释至标线。

图4-34 容量瓶漏水检查

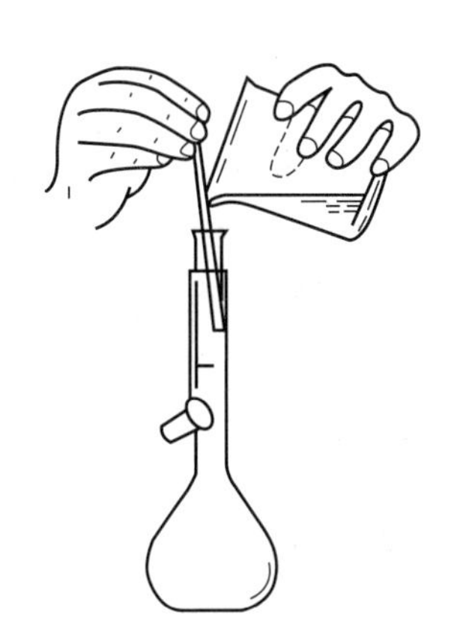

图4-35 溶液的转移

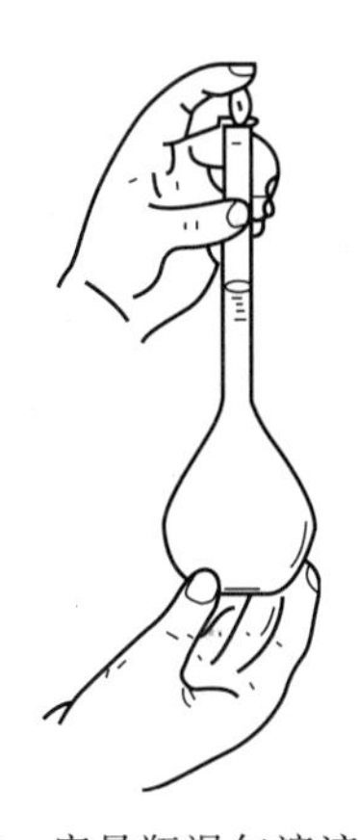

图4-36 容量瓶混匀溶液的拿法

容量瓶不宜长期存放溶液（尤其是碱性溶液），如溶液需使用较长时间，应将其转入试剂瓶中（试剂瓶应预先经过干燥或用少量该溶液润洗2～3次）。由于温度对量器的容积有影响，使用时要注意溶液的温度、室温以及量器本身的温度。

4.7 溶液和沉淀的分离

溶液和沉淀的分离有三种方法：倾析法、过滤法和离心分离法。实验时应根据沉淀的形状、性质及数量，选用合适的分离方法。

4.7.1 倾析法

此法适用于密度较大的沉淀或大颗粒晶体的固液分离。倾析法的操作如图4-37所示，沉淀沉降后将玻璃棒横放在烧杯嘴的位置，使上层清液沿着玻璃棒缓慢倾入另一烧杯内，从而实现沉淀与溶液分离。如需洗涤，只要向盛沉淀的烧杯中加入少量洗涤液，并进行充分搅

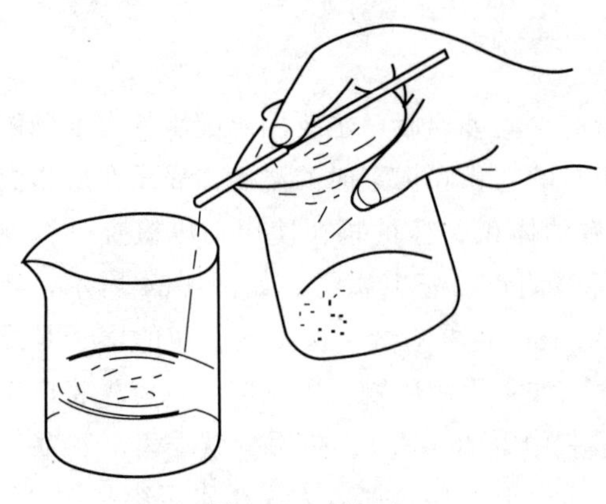
图 4-37　倾析法

拌，待沉淀沉降到烧杯的底部后，再倾去上清液。如此反复操作几遍，直至将沉淀洗净。

4.7.2　过滤法

扫封底二维码
看视频

过滤是最常用的一种分离方法。当沉淀和溶液经过过滤器时，沉淀留在过滤器上，溶液经过过滤器而进入容器中，所得溶液称为滤液。

常用的过滤方法有常压过滤（普通过滤）、减压过滤（抽滤、吸滤）和热过滤三种。

（1）常压过滤　此法最为简单、常用，使用玻璃漏斗和滤纸进行过滤。当沉淀物为胶体或细小晶体时，用此方法过滤较好，但缺点是过滤速度较慢。选用的漏斗大小应以能容纳沉淀量为宜，滤纸的边缘应略低于漏斗边缘。滤纸有定性滤纸和定量滤纸，按照孔隙大小又分为“快速”“中速”“慢速”三种，根据实验的需要选择使用（无机化学实验中常用定性滤纸还是定量滤纸?）。

操作常压过滤需要先折叠滤纸，将一圆形滤纸对折两次（方形滤纸需剪成扇形，如图4-38 中的 1、2、3），使其展开后呈圆锥形与 60°角的漏斗相贴合。如果漏斗的角度大于或小于 60°，应适当改变滤纸折成的角度，使之能与漏斗内壁相贴合（图 4-38 中的 4）。然后在三层滤纸所在边的外两层撕开一个小角（图 4-38 中的 5），用食指将滤纸贴合在漏斗内壁上，并用少量蒸馏水/去离子水润湿滤纸，轻压滤纸四周，赶去滤纸与漏斗壁间的气泡，使滤纸紧贴在漏斗壁上，并且滤纸的边缘须低于漏斗口 5mm 左右（图 4-38 中的 6）。为加快过滤速度，应使漏斗颈部形成完整的水柱。具体操作为：加满蒸馏水/去离子水至滤纸边缘，让水全部流下，漏斗颈部内应全部充满水。若未形成完整的水柱，可用手指堵住漏斗下口，略掀起滤纸的一边，用洗瓶向滤纸和漏斗空隙处加水，使漏斗和锥体被水充满，轻压滤纸边，放开堵住口的手指，即可形成水柱。

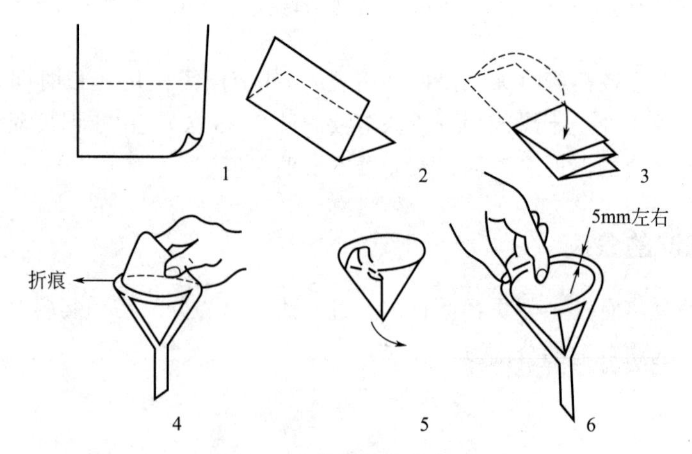

图 4-38　滤纸的折叠方法

常压过滤时还应注意以下几点：漏斗需放在漏斗架上，并且调整好漏斗架的高度，以使漏斗管末端紧靠接受溶液的容器内壁。先倾倒溶液，后转移沉淀。倾倒溶液时使用玻璃棒引流，并且应使玻璃棒放置于三层滤纸所在边的上部（图 4-39），漏斗中的液面高度应略低于滤纸的边缘（1cm 左右）。

如果沉淀需要洗涤，应待溶液转移完毕后，再往盛有沉淀的容器中加入少量洗涤剂，然后用玻璃棒充分搅拌，静置一段时间让沉淀沉降后，将上方清液倒入漏斗过滤，如此重复洗涤 2～3 遍，最后将沉淀转移到滤纸上。使用洗涤剂再对滤纸上的沉淀洗涤 4～5 遍。

（2）减压过滤　又称“抽滤”或“吸滤”，此法可加快过滤的速度，使沉淀抽吸得比较干爽，但不宜过滤胶状沉淀和颗粒太小的沉淀。因为胶状沉淀在快速过滤时易透过滤纸，而颗粒太小的沉淀易在滤纸上形成一层密实的沉淀层，使溶液不易透过。

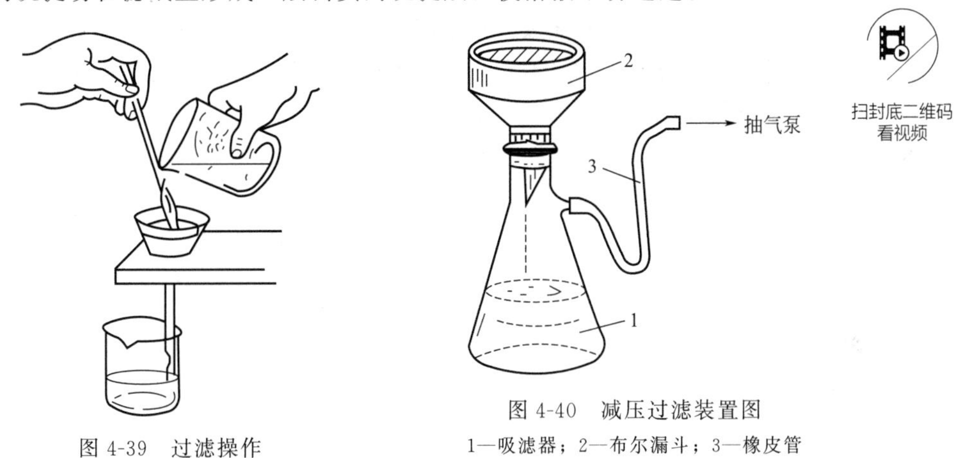

图 4-39　过滤操作

图 4-40　减压过滤装置图

1—吸滤器；2—布尔漏斗；3—橡皮管

减压过滤的装置如图 4-40 所示。吸滤瓶（图中的 1）用来盛接滤液，布氏漏斗（图中的 2）上有许多小孔，将漏斗颈插入吸滤瓶瓶口的橡皮塞中，使之与吸滤瓶紧密相接（**注意：橡皮塞不能全部放进吸滤瓶内，同时漏斗颈的斜口应对准吸滤瓶的支管口**）。抽气泵起着带走空气的作用，使吸滤瓶内减压，造成瓶内与布氏漏斗液面上的压力差，因而加快了过滤的速度。实验室常使用的抽气泵是循环水真空泵（图 4-41）和水流抽气泵（图 4-42），其是以循环水作为工作流体的喷射泵，被广泛用于蒸发、蒸馏、结晶干燥、过滤、减压升华等实验中。

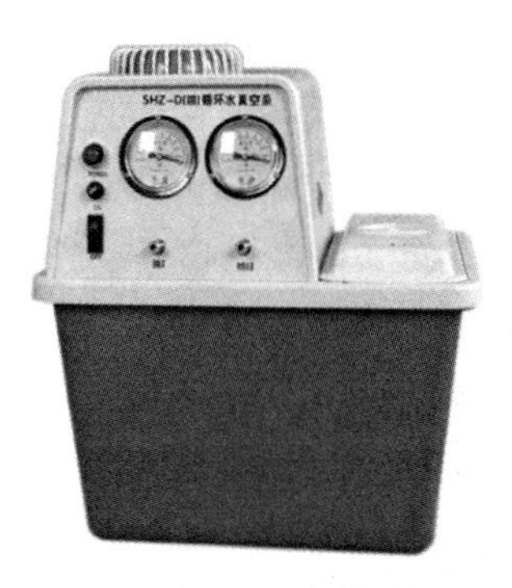

图 4-41　循环水真空泵

图 4-42　水流抽气泵

减压过滤的操作方法如下。

① 根据图 4-40 的示例连接好仪器，将滤纸放入布氏漏斗内，滤纸大小应略小于漏斗口径但又能将全部小孔盖住为宜。用蒸馏水/去离子水润湿滤纸，打开循环水真空泵（使用方

法见 5.2.2 节内容），此时在抽气的作用下，使得滤纸紧贴在漏斗上。

② 用倾析法先转移溶液，溶液量不应超过漏斗容量的 2/3，待溶液快流尽时再转移沉淀。

③ 注意观察吸滤瓶内液面高度，当快达到支管口位置时，应拔掉吸滤瓶上的橡皮管（图 4-40），从吸滤瓶上口倒出溶液，不要从支管口倒出，以免弄脏溶液。

④ 洗涤沉淀时，应停止抽滤，使洗涤剂缓慢通过沉淀物，这样容易洗净。

⑤ 减压过滤完毕或中间需停止减压过滤时，应注意需先取下连接抽气泵和吸滤瓶的橡皮管，然后关闭抽气泵，防止循环水泵的水或者泵油回流到吸滤瓶内（此现象称为倒吸或反吸）。

对于强酸性、强碱性或强氧化性溶液的过滤，由于溶液会与滤纸发生作用而破坏滤纸，因此不能使用普通的滤纸进行常压或减压过滤，可以采用玻璃纤维或玻璃砂芯漏斗等代替滤纸。砂芯漏斗是一类由颗粒状的玻璃、石英、陶瓷、金属或塑料等经高温烧结，并具有微孔的过滤器。实验室常用玻璃砂芯滤器，它的底部是用玻璃砂在 873K 左右烧结成的多孔片，有漏斗式和坩埚式两种（表 2-1），根据烧结玻璃的孔径大小分成六种规格（表 4-2）。

表 4-2　玻璃砂芯漏斗的规格和用途

滤片号	孔径/μm	用途
1	80～120	过滤粗颗粒沉淀
2	40～80	过滤较粗颗粒沉淀
3	15～40	过滤化学分析中一般结晶沉淀和含杂质的水银
4	6～15	过滤细颗粒沉淀
5	2～5	过滤极细颗粒沉淀
6	＜2	过滤细菌

砂芯漏斗不宜过滤较浓的碱性溶液、热浓磷酸和氢氟酸溶液（会腐蚀玻璃），也不宜过滤浆状沉淀（会堵塞砂芯细孔）、不易溶解的沉淀（如二氧化硅等，因为沉淀无法清洗）。为防止裂损和滤片脱落，当需要加热或冷却时，温度变化不能过于剧烈。砂芯漏斗使用完应及时清洗，先尽量转移出沉淀，再用适当的洗涤剂浸泡（**注意：不能用去污粉洗涤，更不可用硬物擦划滤片**）。洗净后可放置于烘箱中进行干燥，待烘箱降温后再取出。若用于重量分析，则洗涤干净后不能用手直接接触，而应用洁净的软纸作为衬垫，将其放在烧杯中，再盖上表面皿，置于烘箱中烘干，直至恒重。

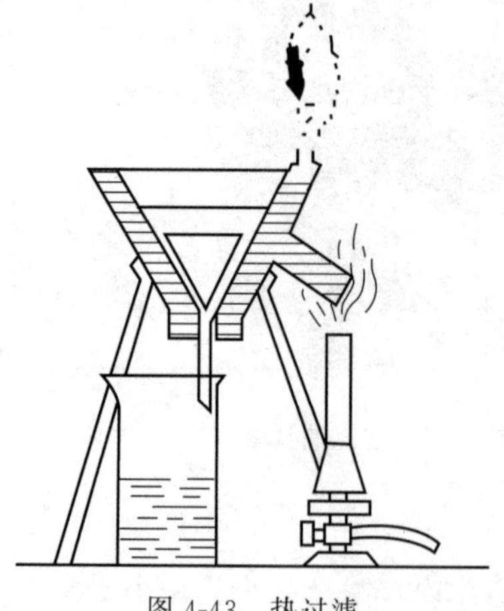

图 4-43　热过滤

（3）热过滤　某些溶质在溶液温度降低时易成晶体析出，为了滤除这类溶液中所含的难溶性杂质，通常使用热滤漏斗进行热过滤（如图 4-43）。过滤时，把玻璃漏斗放在铜质的热滤漏斗内，热滤漏斗内装有热水（水不要太满，以免水加热至沸后溢出）以维持溶液的温度，也可以先把玻璃漏斗放在水浴上用蒸汽加热再使用。热过滤选用的玻璃漏斗颈越短越好（为什么?）。

过滤时，应考虑各种因素而选用不同的方法。通常热的溶液黏度小，比冷的溶液容易过滤，一般黏度越小，过滤越快。减压过滤因有压强比在常压下过滤快。过滤器的孔隙大小有不同规格，应根据沉淀颗粒的大小和形状而选择使用。孔隙太大，小颗粒沉淀易透过；孔隙太小，又易被小颗粒沉淀堵塞，使过滤难以继续进行。如果沉淀是胶状的，可在过滤前用加热的方法使其破坏，以免胶状沉淀透过滤纸。

4.7.3　离心分离法

离心分离法分离速度快，可用于分离少量溶液和沉淀的情况。通常使用电动离心机（图4-44）进行离心分离，其工作原理是将待分离的沉淀和溶液装入离心试管中，然后放入离心机，利用高速旋转产生的离心力及沉淀物与溶液间存在的密度差，使密度较大的沉淀集中在离心试管的底部，清液在上层。使用滴管将上层清液轻轻吸取出来（**图4-45，注意不能让滴管的末端接触沉淀**），如需洗涤沉淀，可往离心试管中加入洗涤液，用玻璃棒充分搅拌后再进行离心分离，如此反复洗涤几遍，直至洗净沉淀。检验是否洗净的方法是：将一滴洗涤液滴在点滴板上，加入适当试剂，检验是否还发生被分离离子的特征反应。离心操作过程中使用的滴管和玻璃棒用完应立即用蒸馏水/去离子水洗净、放好，避免在分离过程中引入其他杂质离子。

进行离心分离操作时，应先在离心机的管套底部垫上少量棉花，然后将离心试管放入离心机管套内，为了使离心机在高速转动时平稳、安全，离心试管的放置应对称。例如，当只有一支离心试管的溶液需离心分离时，则可在与之相对称的另一管套内也放入盛有相等体积水的离心试管进行平衡。开启离心机时，应逐渐加速，视沉淀物的性质选用适宜的转速和时间。当停止离心时，应使离心机自然停止转动，决不能用手强制其停止，否则离心机很容易损坏，且容易发生危险。如果电动离心机在离心过程中产生噪声或机身振动很大，应立即关闭电源，查明原因，排除故障后再使用。

图4-44　电动离心机

图4-45　离心分离后的清液用滴管吸取

第5章　常用实验仪器和设备

5.1　天平

天平是一种测量物体质量的仪器，它依据杠杆原理制成。随着科技的发展，天平的种类越来越多，测量也越来越精密、越来越灵敏，现对基础化学实验室常见的天平进行说明。

5.1.1　托盘天平

托盘天平由托盘、指针、横梁、标尺、游码、砝码、平衡螺母、分度盘等组成（图5-1），分度值一般为0.1g或0.2g。托盘天平能迅速称量物体的质量，但准确度不高，适合于对精度要求不高的称量或精密称量前的粗称。称量使用的10g以上的砝码放置在砝码盒内，称量10g以下的质量则通过移动标尺上的游码来计量。

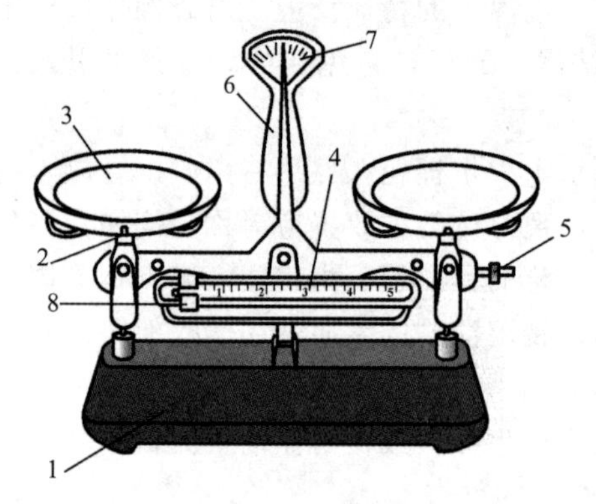

图5-1　托盘天平

1—底座；2—托盘架；3—托盘；4—标尺；5—平衡螺母；6—指针；7—分度盘；8—游码

使用托盘天平称量之前，需先把指针调至中间位置（调节托盘下面的螺丝），该位置称为托盘天平的零点。称量时，把被称物体置于左盘上，选择质量合适的砝码（根据指针在刻度盘中间左右摆动情况而定）放在右盘上，再用游码调节使指针正好停在刻度盘的中间位置，此时指针所停的位置为天平的停点（零点与停点之间允许偏差1小格以内），则右盘上的砝码质量与游码上的读数之和为被称量物体的质量。

注意：称量完毕时应将游码拨到“0”位处，砝码放回盒内。长时间不用的托盘天平，还应将右边的托盘放在左边的托盘上，这样可防止风吹时天平摇摆。

5.1.2　电子天平

电子天平是一种可以直接称量的天平（图5-2），它利用了电磁力平衡的原理，全量程不需要砝码，可去皮和自动显示称量结果，加快了称量速度，提高了称量的准确性。电子天平可分成顶部承载式和底部承载式两类，目前常见的大多数是顶部承载式的上皿天平。电子天平可用于对称量精度要求不高的情况，一般能称准至0.01g，基本操作方法如下。

图5-2　0.01g便携式电子天平

① 开机　插上电源，操作“ON/OFF”键，电源接通后显示屏显示0.00g。注意查看屏幕下方称量单位的

指示灯显示位置，如果不是“g”单位，需要操作“单位转换”按钮进行选择。

② 去皮　将容器或称量纸置于天平盘，此时显示容器或称量纸的质量（皮重），操作“去皮/校准”按钮，去除皮重。

③ 称量　将被测物放置在容器或称量纸内，当天平显示称量值达到所要求数值，并保持不变时，称量结束。

④ 关机　称量完毕，操作“ON/OFF”键，关闭天平。用天平刷清扫天平盘，防止化学试剂腐蚀金属表面，最后拔下电源插头。

5.1.3　分析天平

电子分析天平（图 5-3）的称量精确度可达到 0.1mg，适用于高精度的称量要求，基本操作方法如下。

① 查看水平仪，如不水平，需要通过水平调节脚调至水平。

② 接通电源，通常预热 30min，方可操作“ON/OFF”键进行使用。

③ 天平正常开机后将进行自检（显示屏上的所有字段短时点亮），当天平显示“00.0000”时，天平自检完毕，可以开始称量。

④ 将称量物体从天平的左侧门轻放在天平盘上，待显示屏上的稳定状态探测符号“○”消失，此时可以读取称量结果。

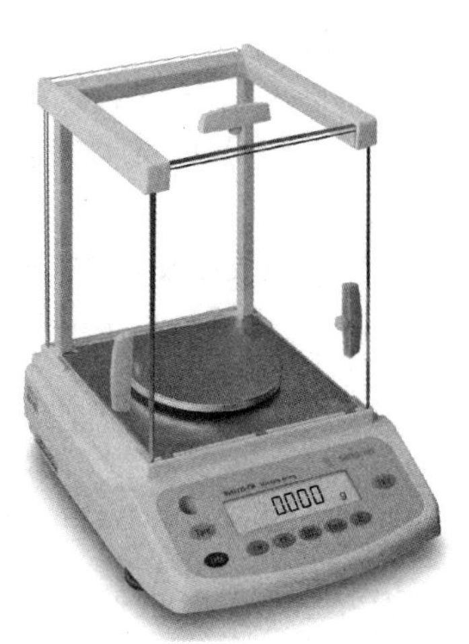

图 5-3　电子分析天平

⑤ 称量完毕后，取出称量物体，关闭侧门，操作“ON/OFF”键，关闭天平，并清扫天平盘。

5.2　pH 计

5.2.1　测量原理

pH 计又称酸度计，是测量溶液 pH 最常用的仪器之一。pH 计有一对与仪器相配套的电极——指示电极（如玻璃电极）和参比电极（如饱和甘汞电极）。将它们插入待测溶液中组成原电池。由于玻璃电极的电极电势可随待测溶液的 H^+ 浓度（即 pH）的改变而改变，故测定该电池的电动势，即可知道溶液的 pH。现在经常使用 pH 复合电极来测量溶液的 pH，复合电极是将指示电极和参比电极组合在一起，携带起来更方便。

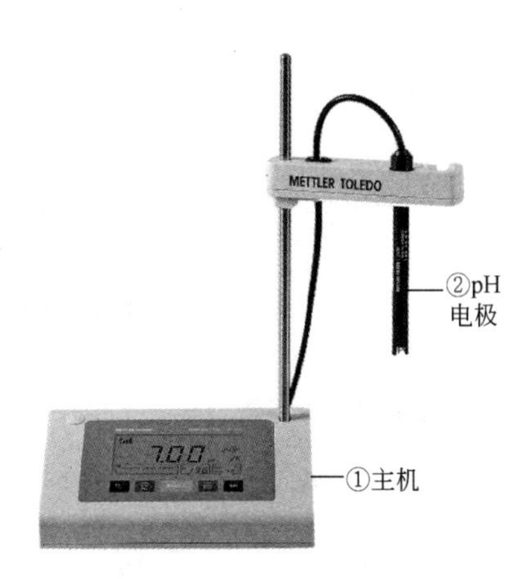

图 5-4　FE22 型数字 pH 计

5.2.2　基本构造及使用方法

FE22 型数字 pH 计是一种精密的数字显示酸度计，其主要构造如图 5-4 所示。FE22 型数字 pH 计可用于测定溶液的 pH 值和电极电位（mV 值）。pH 测量范围 0.00～14.00，精度 ±0.01pH；电极电位为 −2000～2000mV；温度为 0～100℃。为获得更高的准确性，pH

计有内置温度探头的电极，或者使用时搭配单独的温度探头。pH 计的使用方法如下。

5.2.2.1　温度测量

（1）自动温度补偿（ATC）　开启电源，如果仪表识别出温度电极，屏幕则显示出“ATC”和样品温度。

［注］：有的仪表可接受 NTC 30kQ 的温度探头。

（2）手动温度补偿（MTC）　如果仪表未检测到温度电极，则将自动切换到手动温度模式，并显示出“MTC”。此时应输入正确的温度值并保持所有缓冲液和样品溶液处于设定温度。为确保最准确的 pH 读数，应定期执行校准。手动温度补偿的方法如下：

① 设置 MTC 温度，按下“Setup”键，此时温度值闪烁（默认设置为 25℃）。

② 使用⌃和⌄键选择温度值。

③ 按“Read”键确认设置。

④ 选择缓冲液组继续如上操作，或者按下“Exlt”返回测量界面。

［注］：在设置菜单中的预设缓冲液组如表 5-1。

表 5-1　预设缓冲液组

B1	1.68	4.01	7.00	10.01		(25℃)
B2	2.00	4.01	7.00	9.21	11.00	(25℃)
B3	1.68	4.00	6.86	9.18	12.46	(25℃)
B4	1.68	4.01	6.86	9.18		(25℃)

5.2.2.2　校准

pH 计通常进行 1、2、3 点校准。具体方法如下。

（1）1 点校准

① 将电极连接到仪表。

② 将电极放入校准缓冲液中。

③ 按键“Cal”，显示屏上显示出和。如果采用自动终点方式，当信号稳定时仪器停止测量。此时从显示屏消失，屏幕显示已识别缓冲液在当前温度下的 pH 值。如果采用手动终点方式，则按“Read”键时仪器停止测量（在测量过程中，屏幕会显示上次校准的 pH 值）。

［注］：采用 1 点校准方法时，仅调节偏移。如果以前通过多点校准方法对电极进行了校准，则会保持以前存储的斜率。否则，将使用理论斜率（100%）。

（2）2 点校准

① 用去离子水冲洗电极。

② 将电极放入下一校准缓冲液中，按下“Cal”，其他操作步骤同上述 1 点校准。测量结束计算偏移值和斜率。

［注］：2 点校准的偏移值和斜率得以更新，并显示在显示屏的相应位置。

（3）3 点校准

① 用去离子水冲洗电极。

② 将电极放入另一校准缓冲液中，其他操作步骤与 2 点校准相同。

［注］：3 点校准的斜率和偏移值得以更新，并显示在显示屏的相应位置。使用最小二乘

法通过三个校准点（线性校准）计算偏移和斜率值。

5.2.2.3　测量 pH 值

（1）将电极连接到仪表。

（2）选择 pH 测量模式。

（3）将电极放入待测样品中，然后按“Read”键开始测量，此时显示屏上显示样品的 pH 值（小数点闪烁）。当选择自动终点方式测定时，待信号稳定后显示屏将自动锁定，出现/A，小数点停止闪烁。如果在自动终点之前按下“Read”键，显示屏将锁定，出现/M。如果选择手动终点方式，按下“Read”键以手动终点方式记录测量值，显示屏锁定并出现/M。

[注]：长按“Read”键可在自动和手动终点模式之间切换。

5.2.2.4　测量电极电位（mV 值）

（1）将电极连接到仪表。

（2）选择 mV 模式。

（3）执行上述“测量 pH 值”步骤（3）相同的操作。

5.3　分光光度计

5.3.1　测量原理

一束单色光通过有色溶液时，溶液中的有色物质吸收了一部分光，吸收程度越大，则透过溶液的光越少。如果入射光的强度为 I_o，透过光的强度为 I_t，则 I_t/I_o 称为透光率，lg（I_o/I_t）为吸光度 A。实验证明，当一束单色光通过一定浓度范围的有色溶液时，溶液对光的吸收程度符合朗伯-比尔定律：

$$A=\varepsilon cl$$

式中，c 为溶液的浓度，mol/L 或 g/L；l 为溶液的厚度，cm；ε 为吸光系数，L·cm/mol 或 L·cm/g。当入射光的波长一定时，ε 即为有色物质的一个特征常数。因此，当溶液的厚度一定时，吸光度只与溶液的浓度成正比，这就是分光光度法测定物质含量的理论基础。分光光度计的光源灯发出的白光，通过棱镜（或光栅）分光后成为不同波长的单色光。单色光经过待测溶液，使透过的光射在光电池或光电管上变成电信号，在检流计上或读数电表上直接读出吸光度。

5.3.2　基本构造及使用方法

分光光度计主要由光源、单色器、样品室、检测器、信号处理器和显示与存储系统组成。以 V-1100D 型分光光度计为例，其外部构造如图 5-5 所示。使用仪器前应该对仪器的安全性进行检查，包括电源线的接线、各个调节旋钮是否有损坏等，然后按照下述步骤进行操作。

（1）预热　接通外电路，打开电源开关（仪器的左下部），预热 20min 以上，以使灯源及电子部件达到热平衡。

（2）选择波长　将波长旋钮旋 3 调整至所选择的工作波长处（读数在显示屏 6 可见）。

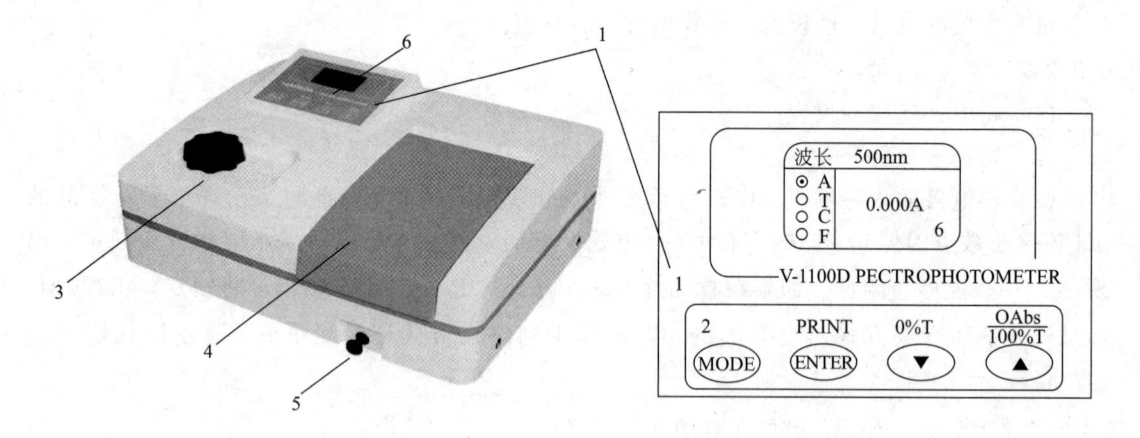

图 5-5　V-1100D 型分光光度计

1—操作面板；2—按键；3—波长旋钮；4—样品室；5—样品架拉杆；6—显示屏幕

（3）装入溶液　打开样品室 4 盖子，将参比溶液、待测溶液分别装入比色皿（**注意：比色皿应配套使用，不能随意更换。装液只装到比色皿体积三分之二处，以防溢出**）。

（4）放置样品　样品室 4 内有 4 个槽位，通常将参比溶液放置于样品室的第一个槽位（光路通道的位置），待测样品放置于第二个槽位，盖好样品室的盖子。

（5）选择模式　操作按键区域 2 的按钮“MODE”，选择吸光度模式“A”。然后轻按“▲”键，仪器自动校准 0Abs/100％T，屏幕 6 显示“0.000A”时表示调好。

（6）测量　将样品架拉杆 5 拉出 1 格，使待测样品处于光路通道处，此时屏幕 6 显示待测液的吸光度值，记录读数。

（7）测量完毕，将比色皿取出，洗净、晾干并存于专用盒内，关闭仪器电源，拔下插头，填写仪器使用记录。

[注]：① V-1100D 型分光光度计具有自动切换滤光片功能，无须放入挡光块/黑体即可完成零位校准（即测定零位：吸光度 $A=0.000$，透射比 $T=100\%$）。

② 改变波长须重新校准“0Abs/100％T”，再进行吸光度测量。

5.4　电导率仪

5.4.1　测量原理

电解质溶液在电场作用下能导电，其导电能力的大小常以电导或电阻表示。测量溶液电导的方法通常是用两个电极插入溶液中，测出两极的电阻。根据电阻定律，在温度一定时，两电极间的电阻 R（Ω）与两电极间的距离 L（m）、电阻率 ρ（Ω·m）成正比，与电极的横截面积 A（m^2）成反比。即：

$$R=\rho\frac{L}{A}$$

对于一个电极而言，电极的横截面积 A 与间距 L 为一固定值，其比值 L/A 称为电极常数，以 Q 表示。电导 G 是电阻 R 的倒数，即：

$$G=\frac{1}{R}=\frac{1}{\rho Q}=\frac{K}{Q}$$

式中，$K=1/\rho=QG=Q/R$，称为电导率，单位为 S·cm^{-1}，表示两个电极间距为 1cm、截面积为 $1cm^2$ 时溶液的电导。由于 S·cm^{-1} 的单位太大，常用 mS·cm^{-1} 或 μS·cm^{-1} 表示，它们之间的换算关系为 1mS·cm^{-1} = 10^3μS·cm^{-1}。

水的电导率与其所含的可电离的溶质数量有关，当它们的浓度较高时，电导率较大，因此，电导率常用于推测水中离子的总浓度。不同类型的水的电导率必然不同，例如新鲜制备的蒸馏水的电导率为 0.2～2μS·cm^{-1}，但放置一段时间后，因吸收了 CO_2，其电导率增加到 2～4μS·cm^{-1}；超纯水的电导率小于 0.1μS·cm^{-1}，天然水的电导率多在 50～500μS·cm^{-1} 之间，而矿化水的电导率可达到 500～1000μS·cm^{-1}，海水的电导率则约为 30000μS·cm^{-1}。

5.4.2　基本构造及使用方法

电导率仪是一种多量程、用于测量各类液体介质电导率的测量仪器，有台式、在线、便携式 3 种类型。图 5-6 为 DDB-303A 型数字显示精密便携式电导率仪，其主要由主机和电导电极两部分组成。常见的电导电极的电极常数有四种：0.01、0.1、1 和 10，实际电极常数的允许误差通常≤±20%，如电极常数为 1 的电极，其实际电极常数在 0.8～1.2 之间。

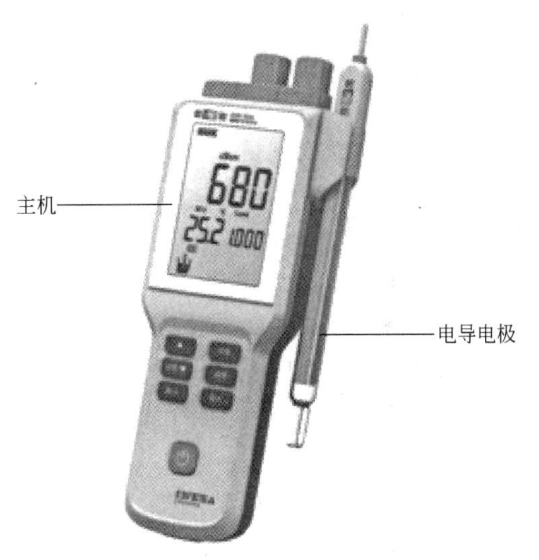

图 5-6　DDB-303A 型数字显示精密便携式电导率仪

测量液体介质的电导率应根据被测液体的电导率范围来选择电极的规格。表 5-2 列出了四种不同规格电极的测量范围，新电极出厂时，其电极常数通常标注在电极上。以 DDB-303A 型电导率仪为例，基本操作步骤如下。

表 5-2　电极规格及其测量范围

电极常数/cm^{-1}	0.01	0.1	1(光亮)	1(铂黑)	10
适用测量范围/μS·cm^{-1}	0～3	0.1～30	1～100	100～3000	1000 以上

注：通常电极常数大于 1 的电导电极为铂黑电极，电极常数小于 1 的电导电极为光亮电极。

（1）准备

① 安装好仪器和电极。

② 准备标准溶液，如 1408μS/cm 标液，放入 25℃ 恒温水浴中，控制溶液温度为 25.0℃。

③ 将电极下端的保护套取下，用去离子水清洗电极。

④ 开机。

（2）设置电极常数

① 按“常数”键进入常数设置，继续按“常数”键，切换“Type”类型，直至显示为 1.0；按“▲”或者“▼”调整电极常数为 1.000 后，按“确认”键，保存设置。

② 按“温度”键，通过“▲”或“▼”设置当前温度为 25.0℃，按“确认”键回到测量状态。

③ 将清洗后的电极擦干，用标准溶液润洗后放入标液 C_s（如 1408μS/cm 标液）中，仪器显示当前测量的电导率值，等待读数稳定，记录当前的电导率值 C_t，例如 1421μS/cm。

④ 根据常数 $k=C_s/C_t$ 的关系，计算该电导电极的电极常数。然后进入常数设置，将计算的常数输入仪器内，按“确认”键保存设置。例如：$k=1408/1421=0.991$，即将常数设置为 0.991。

(3) 测量

① 将清洗后的电极擦干（**注意不要摩擦铂黑的部分**），用被测溶液润洗后放入测量溶液中，同时用温度计测量溶液温度。

② 按“温度”键，通过“▲”或“▼”设置当前温度如 25.2℃，按“确认”键完成温度值设置，仪器回到测量状态。

③ 待数据稳定标志满格，即可读数。

④ 仪器显示当前溶液的电导率值。

[注]：若需准确测量，请在同一温度下进行标定和测量。

5.4.3 注意事项

(1) 如果仪器长期不用，请注意断开电源。

(2) 仪器的电极插座须保持清洁、干燥，切忌与酸、碱、盐溶液接触。

(3) 仪器配套专用的防护套，具有一定的防护作用。

(4) 电导电极在第一次使用前或者长时间未使用时，必须放入去离子水中浸泡数小时，以去除电极片上面的杂质。

(5) 为确保测量精度，测量前，建议用去离子水（或蒸馏水）冲洗，然后用被测溶液冲洗。

(6) 为确保测量精度，可以用标准电导溶液重新校正电极常数。

(7) 电极插头要注意防止受潮，以免造成不必要的测量误差。

(8) 使用完毕，将电极清洗干净，套上电极保护套后放入电极包装盒内。

5.5 循环水真空泵

5.5.1 工作原理

循环水真空泵是一种利用循环水作为工作流体，通过离心泵叶轮的转动产生强大的力，使水快速旋转形成内部真空的抽气设备，其外部构造如图 5-7(a) 所示，内部的泵由叶轮、泵体、吸气孔、排气孔等组成［图 5-7(b)］。当叶轮旋转时，水被叶轮抛向四周，由于离心力的作用，水形成了一个取决于泵腔形状、近似于等厚度的封闭圆环。此时这个圆环形的真空压力变小，叶轮继续旋转就会从接口处吸入气体，入口被封闭。吸入的气体也在叶轮的旋转中被压缩，当运转到与出气口相连时，由于在泵体内被压缩的气体压力大，就会把气体排出泵外，从而达到抽气、抽真空的功能。

5.5.2 使用方法

(1) 准备工作　将进水口与自来水的水管相连接，加水至指定的水位线，盖好水泵的盖子，然后插上电源。

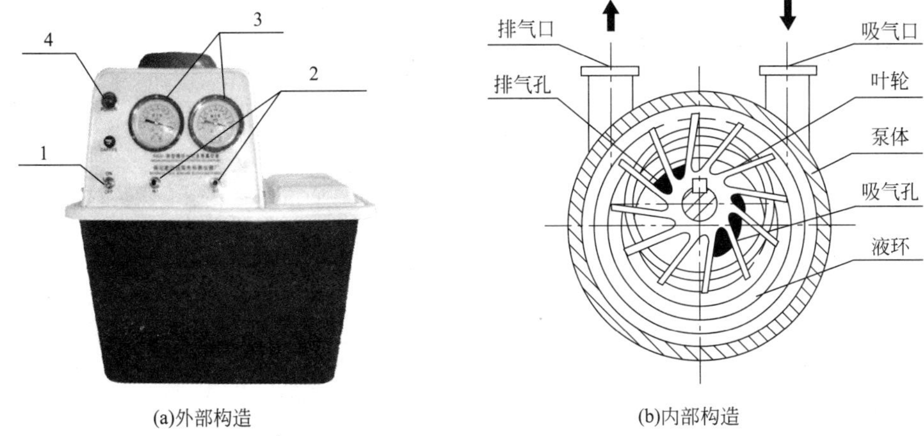

(a)外部构造　　(b)内部构造

图 5-7 循环水真空泵

1—电源开关；2—抽气头；3—真空表；4—工作指示灯

(2) 真空抽气 将实验装置通过橡皮管/硅胶管与循环水真空泵的抽气头（如图 5-7 中的 2 所示）相连接，启动电源开关（如图 5-7 中的 1 所示），工作指示灯（如图 5-7 中的 4 所示）亮即表示抽气的工作状态。真空泵上的 2 个抽气头既可单独抽气使用也可并联抽气使用。

(3) 循环冷却水 若该泵配有外循环水装置，可将循环水出口连接在冷凝管的进水支管上，循环水入口连接在冷凝管的出水支管上，缓慢开启循环水旋钮开关至适宜流量的位置。

[注]：当需要保留滤液时，应在吸滤瓶和抽气泵之间安装安全瓶，以防止倒吸而污染滤液。安装时应注意安全瓶长管和短管的连接顺序（如图 5-8 所示），不要连接错误。

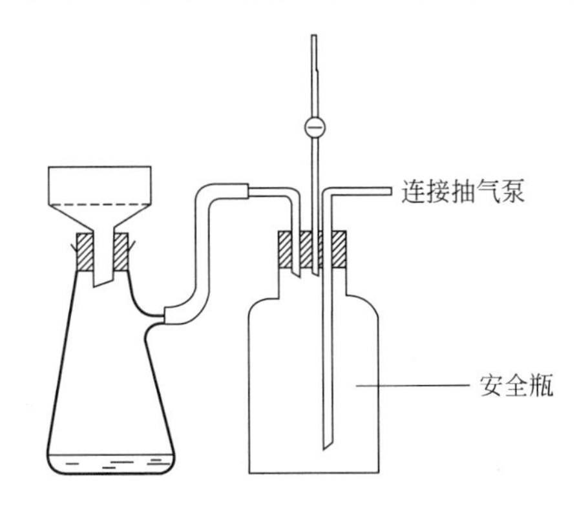

图 5-8 减压过滤的连接装置

下篇　无机化学实验

第6章 无机物的制备和提纯

实验一

基本实验技能训练

预习要求

1. 预习本书上篇内容，了解实验室规则和安全事项，熟悉无机化学实验常用仪器用品。
2. 观看教学视频，认真做好笔记，掌握操作要领及注意事项。
3. 在教师指导下系统学习无机化学实验基础知识，并完成基本实验操作。
4. 根据实验内容模拟准备本次实验所涉及的仪器用品。

实验目的

1. 通过直观教学，了解无机化学实验中常用仪器的名称及使用方法，熟悉无机化学实验的规范操作，建立良好的实验习惯。
2. 掌握无机化学实验基础知识及操作技能。

实验内容

（1）称取5.00g粗硫酸铜于100mL烧杯中，加入2～3滴3mol·L^{-1} H_2SO_4，再加入20mL水，加热搅拌，使其溶解。

（2）加入3%的H_2O_2溶液1.00mL，用2mol·L^{-1}NaOH调节pH约为4.0。加热溶液至沸腾，然后静置数分钟，常压过滤。

（3）量取5mL滤液，然后再加入10mL无水乙醇，搅拌静置，待有晶体析出进行减压过滤，收集晶体，回收至指定位置。

（4）实验结束，按照要求整理实验用品，待指导教师检查合格后方可离开。

实验二

由胆矾精制五水硫酸铜

预习要求

1. 预习本书中关于固体物质的称量、溶解、加热、过滤、蒸发结晶和干燥等基本操作。
2. 预习本书中关于水浴加热、重结晶等基本操作内容。

3. 书写预习报告，并按照指导教师的要求完成思考题。

思考题

1. 为什么不直接沉淀杂质离子 Fe^{2+} 而需要先将 Fe^{2+} 氧化为 Fe^{3+} 后再添加化学沉淀剂来去除？

2. 本实验采用 H_2O_2 为氧化剂的优势是什么？可否采用其他氧化剂？

3. 添加化学沉淀剂使杂质离子沉淀后，溶液需要煮沸再过滤，煮沸在此除杂操作中发挥了哪 3 个作用？

4. 在蒸发结晶操作中可能会出现“过饱和现象”（即溶液处于过饱和状态，但没有晶体析出），此时该如何处理？

5. 本实验的蒸发结晶为什么采用水浴加热的方式而不是直接加热？

6. 蒸发结晶操作中，为什么溶液表面出现晶膜就可以停止加热？能否将溶液蒸干？

7. 什么是减压过滤？为什么蒸发结晶后的溶液不采用常压过滤而是减压过滤？

实验目的

1. 学习并掌握混合物提纯的基本原理及方法。

2. 学习并掌握结晶、重结晶的原理及操作。

3. 练习常压过滤、减压过滤、蒸发结晶和重结晶等基本操作。

实验原理

$CuSO_4 \cdot 5H_2O$ 俗称蓝矾或胆矾，是蓝色透明三斜晶体。在空气中缓慢风化。易溶于水，难溶于无水乙醇。

本实验以工业硫酸铜为原料，精制五水硫酸铜。首先用过滤法除去胆矾中的不溶性杂质，然后用氧化剂过氧化氢将溶液中的 Fe^{2+} 氧化为 Fe^{3+}（为什么？），并使三价铁在 pH≈4.0 时全部水解为 $Fe(OH)_3$ 沉淀而除去。溶液中的可溶性杂质可根据 $CuSO_4 \cdot 5H_2O$ 的溶解度随温度升高而增大的性质，用重结晶法使它们留在溶液中，从而得到较纯的五水合硫酸铜晶体。

$$2Fe^{2+} + H_2O_2 + 2H^+ \xlongequal{\quad} 2Fe^{3+} + 2H_2O$$

$$Fe^{3+} + 3H_2O \xlongequal{\quad} Fe(OH)_3 \downarrow + 3H^+$$

实验仪器用品和试剂

1. 实验仪器用品：天平、布氏漏斗、吸滤瓶、蒸发皿、烧杯、玻璃棒、量筒、滤纸、酒精灯、坩埚钳、石棉网、洗瓶、pH 试纸、漏斗、漏斗架、真空泵、电陶炉/光波炉、试管、试管架、滴管、称量纸、点滴板、表面皿。

2. 试剂：胆矾（工业硫酸铜）、H_2O_2（3%）、H_2SO_4（$3mol \cdot L^{-1}$）、NaOH（$2mol \cdot L^{-1}$）、KSCN（$0.1mol \cdot L^{-1}$）、乙醇（95%）。

实验内容

1. 初步提纯

（1）称取 7.00g 粗硫酸铜于 100mL 烧杯中，加入 2～3 滴 $3mol \cdot L^{-1}$ H_2SO_4 溶液（为什么需要滴加硫酸？），然后再加 30mL 去离子水，在加热搅拌下使其溶解，滴加 3% 的

H_2O_2 约 1mL（如何确定此添加量?），使 Fe^{2+} 被氧化为 Fe^{3+}。

（2）溶液用 2mol·L^{-1}NaOH 调节至 pH=3～4。加热溶液至沸腾，使 Fe^{3+} 充分水解为 $Fe(OH)_3$ 沉淀，静置数分钟后趁热常压过滤。收集滤液，用温热的去离子水洗涤沉淀（为什么需要洗涤沉淀?），收集洗涤液与滤液合并。

（3）将滤液转入蒸发皿内，加入 3mol·$L^{-1}$$H_2SO_4$ 使溶液酸化至 pH=1～2（为什么?）。水浴加热，蒸发浓缩至液面出现晶膜（**注意：蒸发过程不宜搅拌溶液，蒸发皿壁上出现的结晶须用玻璃棒及时处理，使其返回溶液**）。冷至室温，减压过滤，用滤纸把晶体表面的水吸干后，称重。

2. 重结晶

上述产品放于烧杯中，按每克产品 1.2mL 去离子水的比例加入去离子水。加热，使产品全部溶解。热过滤，滤液冷至室温使晶体析出。最后进行减压过滤，用少量乙醇洗涤晶体，晾干，称重。计算产率。

3. 产品纯度的检验

（1）对初步提纯操作常压过滤后的滤纸滴加 6mol·$L^{-1}$$NH_3$·$H_2O$，直至滤纸的蓝色消失，用少量去离子水冲洗滤纸上的 $Fe(OH)_3$ 沉淀。然后再用滴管吸取热的 2mol·L^{-1}HCl 溶液，逐滴滴加在 $Fe(OH)_3$ 沉淀上，使其全部溶解，用洁净的试管收集滤液。在滤液中加入 1 滴 0.1mol·L^{-1}KSCN 溶液，观察溶液的颜色，保留此溶液进行后面的比较。

（2）将提纯后的 $CuSO_4$·$5H_2O$ 产品置于烧杯中，加入 1～2 滴 3mol·$L^{-1}$$H_2SO_4$，用 10mL 去离子水进行溶解，边搅拌边滴加 1mL 3% H_2O_2，然后煮沸溶液并静置，待溶液冷却后，边搅拌边滴加 6mol·$L^{-1}$$NH_3$·$H_2O$，直至最初生成的蓝色沉淀完全溶解，溶液呈深蓝色。常压过滤，用滴管吸取 6mol·$L^{-1}$$NH_4$·$H_2O$ 洗涤滤纸至蓝色消失，用少量去离子水冲洗 $Fe(OH)_3$ 沉淀，再用滴管吸取热的 2mol·L^{-1}HCl 溶液逐滴滴加在 $Fe(OH)_3$ 沉淀上，使其全部溶解，用洁净的试管收集滤液。在滤液中加入 1 滴 0.1mol·L^{-1}KSCN 溶液，比较两种溶液颜色的深浅，确定产品的纯度。

数据结果与分析

1. 产品产率：原料__________g；产品__________g；产率=__________

2. 产品纯度检验

检测离子	检测方法	离子反应式或者说明解释	现象	
			胆矾溶液	产品溶液
Fe^{3+}	0.1mol·L^{-1}KSCN 溶液			

3. 结果分析

课外拓展

硫酸铜是一种用途广泛的无机化合物，其制备合成的方法有很多，请从工艺流程、环境影响等方面分析下列制备方法的优缺点。

（1）硫酸直接与铜反应；

（2）铜粉在 600～700℃下进行焙烧，氧化生成氧化铜，再与硫酸反应。

实验三

粗食盐中氯化钠的提纯

预习要求

1. 预习本书中关于固体物质的称量、溶解、加热、过滤、蒸发浓缩、结晶和干燥等基本操作。

2. 书写预习报告，并按照指导教师的要求完成思考题。

思考题

1. 本实验称量4.0g粗食盐溶解于20mL去离子水所配制的溶液是否饱和？能否用饱和溶液进行提纯实验？为什么？增大溶解所用的去离子水量（例如30mL、40mL）对实验有什么影响？

2. 粗食盐中含有的Ca^{2+}、Mg^{2+}和SO_4^{2-}等可溶性杂质离子，应该先去除哪个？为什么？

3. 去除SO_4^{2-}杂质离子时，能否把毒性较大的$BaCl_2$溶液换成$CaCl_2$溶液？为什么？

4. 粗食盐提纯过程中，为什么使用盐酸调节pH？能否使用其他酸？

5. 在蒸发结晶操作之前，为什么需要先调节pH？盐酸加多了对实验结果有何影响？需要怎么处理？

6. 蒸发结晶至溶液呈稠粥状的目的是什么？若直接将NaCl溶液蒸干，对实验结果有什么影响？

7. 请分析氯化钠提纯过程中，哪些步骤导致产率增加？哪些步骤导致产率降低？

实验目的

1. 了解沉淀溶解平衡的原理，掌握粗食盐提纯的原理。

2. 进一步巩固固体物质的称量、溶解、加热、过滤、蒸发浓缩、结晶和干燥等基本操作。

3. 熟悉粗食盐提纯的过程和方法，学习定性检验产品纯度的方法。

实验原理

粗食盐中除含有泥沙等不溶性杂质，还含有K^+、Ca^{2+}、Mg^{2+}和SO_4^{2-}等可溶性杂质。不溶性杂质可用过滤法除去；可溶性杂质中的Ca^{2+}、Mg^{2+}和SO_4^{2-}则需要用化学方法将其转为不溶性物质除去。最后，利用KCl的溶解度比NaCl大而含量低的特点，将溶液蒸发浓缩，NaCl结晶析出，KCl留在母液中从而除去。

为了使杂质离子生成的沉淀易于过滤和洗涤，要求所得到的沉淀颗粒较大。沉淀颗粒的大小，除了与其本身性质有关外，还受沉淀条件的影响。一般来说有如下规律：①在热的和适当稀的溶液中，晶体可以实现缓慢成核和核生长过程，从而获得颗粒较大的完整晶体。此时沉淀剂的加入速度应较慢；②非晶型沉淀应在热的和较浓的溶液中进行，此时沉淀剂的加入速度应较快。沉淀完全后，应加热并煮沸一段时间，以便于破坏胶体使沉淀长大。

实验仪器用品和试剂

1. 实验仪器用品：天平、烧杯、玻璃棒、漏斗、布氏漏斗、吸滤瓶、蒸发皿、量筒、坩埚钳、漏斗架、酒精灯、石棉网、泥三角、点滴板、表面皿、洗瓶、pH 试纸、称量纸、滤纸、真空泵、试管、试管架、滴管。

2. 试剂：粗食盐（s）、HCl（$2mol \cdot L^{-1}$）、NaOH（$2mol \cdot L^{-1}$）、Na_2CO_3（$1mol \cdot L^{-1}$）、$(NH_4)_2C_2O_4$（饱和）、$BaCl_2$（$1mol \cdot L^{-1}$）、镁试剂。

实验内容

1. 粗食盐的提纯

（1）粗食盐的溶解　称量 4.00g 粗食盐，放入 100mL 烧杯中，加入 20mL 水，加热、搅拌使之溶解（注意观察此时溶液的形态，如果对下一步操作有影响，该如何处理?）。

（2）SO_4^{2-} 的除去　加热粗盐溶液近沸腾状态，边搅拌边滴加 $1mol \cdot L^{-1}$ $BaCl_2$ 溶液至 SO_4^{2-} 除尽为止（如何检验?）。然后小火加热至沸，静置片刻后常压过滤，保留滤液，用去离子水洗涤沉淀，收集洗涤液与滤液合并。

（3）Ca^{2+}、Mg^{2+}、Ba^{2+} 等离子的除去　在滤液中滴加 $2mol \cdot L^{-1}$ NaOH 和 $1mol \cdot L^{-1}$ Na_2CO_3 溶液，加热至沸。同上述方法，检验沉淀是否完全。继续小火加热至沸，静置片刻后常压过滤，保留滤液，用去离子水洗涤沉淀，收集洗涤液与滤液合并。

（4）调节溶液 pH 值　在滤液中边搅拌边滴加 $2mol \cdot L^{-1}$ HCl 至溶液的 pH＝4～5。

（5）蒸发浓缩　将溶液转移至蒸发皿中，小火加热，蒸发浓缩至溶液呈稠状，但切不可将溶液蒸干。

（6）结晶、减压过滤、干燥　使浓缩液冷却至室温后进行减压过滤。再将晶体转移至干净的蒸发皿中，小火烘干。冷却，称量，计算产率。

2. 产品纯度的检验

称取粗食盐和产品各 1g 左右，分别溶于 5mL 去离子水中，取 8～10 滴溶液至试管中，按照下面方法检验它们的纯度，列表记录实验结果。

（1）SO_4^{2-} 的检验：加入 2 滴 $1mol \cdot L^{-1}$ $BaCl_2$ 溶液，观察实验现象。

（2）Ca^{2+}的检验：加入 2 滴 $(NH_4)_2C_2O_4$ 饱和溶液，观察实验现象。

（3）Mg^{2+}的检验：加入 2～3 滴 $2mol \cdot L^{-1}$ NaOH 溶液，再加入 1 滴镁试剂（对硝基偶氮间苯二酚），观察实验现象。

数据结果与分析

1. 产品产率：原料____________g；产品____________g；产率＝________

2. 产品纯度检验

检测离子	检测方法	离子反应式或者说明解释	现象	
			粗食盐溶液	产品溶液
SO_4^{2-}	$1mol \cdot L^{-1} BaCl_2$ 溶液			
Ca^{2+}	$(NH_4)_2C_2O_4$ 饱和溶液			
Mg^{2+}	$2mol \cdot L^{-1} NaOH$ 溶液+1滴镁试剂			

3. 结果分析

课外拓展

百味之首——盐，其制作由来已久，你了解多少种制盐技术？除了食用之外，盐还有什么用途？请把你知道的用途和同学们一起分享吧！

实验四

离子交换法制备纯水

预习要求

1. 学习离子交换树脂的性能和纯水制备的基本原理。
2. 学习电导率仪的原理及其使用方法。
3. 书写预习报告，并按照指导教师的要求完成思考题。
4. 根据实验室现有的条件，检验自来水中的 Ca^{2+}、Mg^{2+} 和 Cl^-，并把实验方案写在预习报告里。

思考题

1. 为什么离子交换树脂不能直接使用而需要进行预处理？
2. 为什么制作交换树脂的床层高度通常是交换柱的三分之二处，太高或者太低有何影响？
3. 装柱过程中，为什么树脂不能暴露在空气中？如果操作不当导致树脂床暴露，应该如何处理？
4. 测定电导率值有什么作用？其测定的根据是什么？
5. 制作离子交换柱应注意哪些问题？
6. 查阅资料，简述净化自来水中常见可溶性杂质离子的其他方法。

实验目的

1. 了解离子交换法制备纯水的基本原理。
2. 练习使用离子交换树脂的一般操作方法。
3. 学习正确使用电导率仪。

实验原理

离子交换法制备纯水是采用离子交换树脂进行除杂的。离子交换树脂是一种难溶性的高分子聚合物，对酸、碱及一般试剂相当稳定。它具有网状的骨架结构（图 1)，如果在骨架上引入磺酸（$—SO_3H^+$）活性基团就成为强酸性阳离子交换树脂；如果引入季胺（$\equiv NOH^-$）活性基团就成为强碱性阴离子交换树脂。

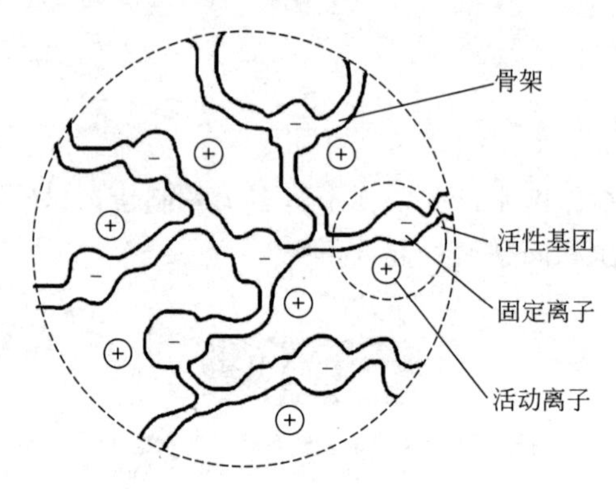

图 1　离子交换树脂结构

当水流过离子交换树脂时，树脂骨架上的活性基团中的 H^+ 或 OH^- 与水中的 Na^+、Ca^{2+} 或 Cl^-、SO_4^{2-} 等离子交换，水中的无机离子被截留在树脂上，而交换出来的 H^+ 与 OH^- 发生中和反应，使水得到了净化。这种交换是可逆的，当用一定的酸或碱处理树脂时，无机离子便从树脂上解吸出来，树脂得到再生。其发生的化学反应如下：

$$R—SO_3H + Na^+ \rightleftharpoons R-SO_3Na + H^+$$

$$2R—SO_3H + Ca^{2+} \rightleftharpoons (R-SO_3)_2Ca + 2H^+$$

$$R\equiv NOH + Cl^- \rightleftharpoons R\equiv NCl + OH^-$$

$$2R\equiv NOH + SO_4^{2-} \rightleftharpoons (R\equiv N)_2SO_4 + 2OH^-$$

用离子交换树脂制备纯水一般有复床法、混床法和联床法。本实验采用混床法。所选用的树脂为国产 732 型强酸性阳离子交换树脂和 717 型强碱性阴离子交换树脂。这些商品树脂为了方便贮存，通常为中性盐，因此在使用时需要进行预处理。

实验仪器用品和试剂

1. 实验仪器用品：732 型强酸性阳离子交换树脂、717 型强碱性阴离子交换树脂、DDB-303A 型电导率仪、烧杯、玻璃棒、玻璃交换柱、螺旋止水夹、试管、试管架、铁架台、棉球、橡胶管。

2. 试剂：盐酸（5%）、NaOH（5%）、NaCl（25%）。

实验内容

1. 树脂的预处理（根据需要，可由指导教师准备完成）

(1) 732 型树脂的预处理　将约 40g 的树脂泡在烧杯中，用水漂洗至水澄清无色后，改用纯水浸泡 4～8h，再用 5% 盐酸浸泡 4h。倾去盐酸溶液，最后用纯水洗至水中检不出 Cl^-。

（2）717 型树脂的预处理　将约 80g 的树脂如同上法漂洗和浸泡后，改用 5%NaOH 浸泡 4h。倾去 NaOH 溶液，再用纯水洗至 pH=8～9。

2.交换柱的制作

（1）检漏及排气　图 2 为常规的离子交换柱，本实验采用图 3 所示材料制备离子交换柱。将玻璃交换柱固定在铁架台上，底部安装橡胶管和螺旋止水夹，将棉球放入交换柱底部，然后加入一定体积的去离子水，使得液面浸没过棉球，检查交换柱是否漏水，如漏水，则需检查止水夹是否拧紧。最后用玻璃棒将棉球内的空气挤压出来。

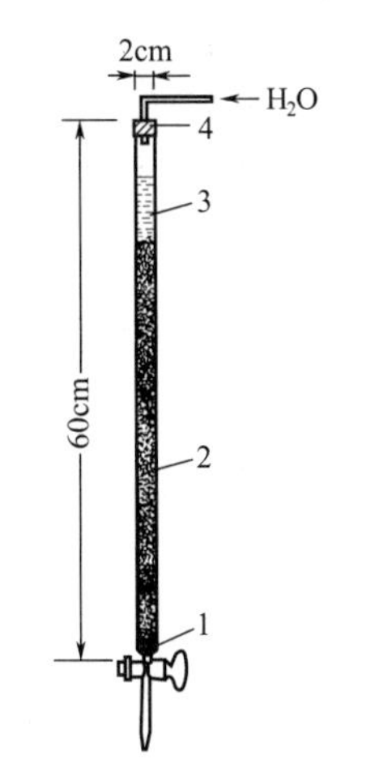

图 2　常规离子交换柱装置

1—玻璃丝；2—树脂；3—水；4—胶塞

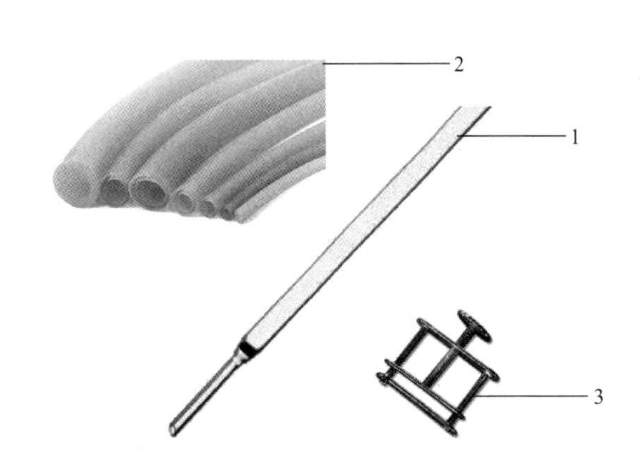

图 3　离子交换柱的制备

1—玻璃交换柱；2—橡胶管；3—螺旋止水夹

（2）装柱　分别取一定量（如何估算取用量?）预处理好的阴、阳离子交换树脂，充分混合后与水一起转移倒入交换柱中，使树脂均匀自然沉降（**注意交换柱中的水层高度，不能使树脂床暴露在空气中**）。通常树脂床的装填高度约至交换柱的三分之二处。

3.纯水的制备和检验

将自来水加入交换柱中，控制出水的流速为 4～6mL/min（**注意水层高度，务必防止树脂床暴露在空气中**）。待流出的水约 50mL 之后（为什么?），再收集出水进行离子检验。

4.树脂的再生

树脂使用一段时间后达到吸附饱和而失去交换能力，因此必须将其再生，树脂再生的方法是：

（1）树脂分离　将交换柱中的树脂倒出，放入一烧杯中，加入适量 25% NaCl 溶液，用玻璃棒充分搅拌使树脂分成两层，再用倾析法将上层阴离子树脂倒入另一烧杯中，重复此步操作直至阴阳离子树脂完全分离为止。

（2）阴离子树脂再生　用自来水漂洗树脂 2～3 次，倾出水后加入 5% NaOH 溶液（浸过树脂面）浸泡约 20min，倾去碱液，再用适量 5% NaOH 溶液洗涤 2～3 次，最后用纯水洗至 pH=8～9。

（3）阳离子树脂再生　水洗程序同上，然后用 5%的盐酸浸泡约 20min，再用 5%盐酸洗涤 2～3 次，再用纯水洗至水中检不出 Cl^-。

数据结果与分析

1. 纯水的离子检验

检测离子	检测方法	离子反应式或者说明解释	结果	
			自来水	过滤水
Cl^-				
Ca^{2+}				
Mg^{2+}				
电导率/(μS/cm)				

2. 结果分析

课外拓展

水是生命之源，直接关系人们的身体健康。随着人们对饮水安全的重视，净水设备走进了越来越多的家庭。殊不知早在古代，人们就有了净水意识，并且留下了很多净水方法，通过查阅文献资料，与同学们一起分享古代人的净水小妙招吧！

实验五

硫酸亚铁铵的制备

预习要求

1. 复习本书中关于水浴加热、过滤、蒸发浓缩、结晶等的基本操作。
2. 书写预习报告，并按照指导教师的要求完成思考题。

思考题

1. 在制备合成硫酸亚铁时，是铁过量还是硫酸过量？为什么？
2. 为什么硫酸亚铁溶液和硫酸亚铁铵溶液都需要保持较强的酸性？
3. 制备硫酸亚铁时为什么反应温度需控制在70～80℃？温度太高或者太低有何影响？
4. 在进行蒸发结晶时，如果溶液由浅绿色逐渐变为黄色该如何处理？
5. 在硫酸亚铁铵晶体的抽滤过程中，用乙醇淋洗晶体时，为什么母液会变浑浊？
6. 请总结制备合成硫酸亚铁铵的注意事项。

实验目的

1. 了解复盐的一般特性，学习硫酸亚铁铵的制备方法。
2. 巩固水浴加热、过滤、蒸发浓缩、结晶、减压过滤等操作。

实验原理

由两种或两种以上的简单盐类组成的晶态化合物称为复盐，当它们溶解于水中，其溶液性质与其组分简单盐的混合溶液相同。一般体积较大的一价阳离子（如 K^+，NH_4^+）和半径较小的二、三价阳离子（如 Fe^{2+}、Fe^{3+} 和 Al^{3+}）较易形成复盐。复盐晶体的晶格能较大，因此比其组分简单盐更稳定。

硫酸亚铁铵又称摩尔盐，为浅绿色晶体，它在空气中比一般亚铁盐稳定，不易被氧化，在工业上常用作废水处理的混凝剂，在农业上用于农药和肥料，在分析化学中常用作氧化还原滴定的基准物质。它能溶于水，但难溶于乙醇。在 0～60℃的温度范围内，硫酸亚铁铵在水中的溶解度比组成它的每一个组分的溶解度都小，因而有利于它的结晶分离。

本实验采用铁屑为原料，通过与稀硫酸作用，制备硫酸亚铁溶液：

$$Fe + H_2SO_4(稀) \xlongequal{} FeSO_4 + H_2(g)$$

硫酸亚铁溶液与硫酸铵溶液作用，生成溶解度较小的硫酸亚铁铵复盐晶体：

$$FeSO_4 + (NH_4)_2SO_4 + 6H_2O \xlongequal{} FeSO_4 \cdot (NH_4)_2SO_4 \cdot 6H_2O$$

实验仪器用品和试剂

1. 实验仪器用品：锥形瓶、烧杯、量筒、天平、玻璃棒、漏斗、漏斗架、布氏漏斗、吸滤瓶、真空泵、蒸发皿、表面皿、点滴板、pH 试纸、滤纸、坩埚钳、酒精灯、滴管。

2. 试剂：H_2SO_4（$3mol \cdot L^{-1}$）、NaOH（$2mol \cdot L^{-1}$）、Na_2CO_3（$1mol \cdot L^{-1}$）、$(NH_4)_2SO_4$（s）、铁屑、乙醇（95%）。

实验内容

1. 硫酸亚铁铵的制备

（1）铁屑油污的除去　称取 2.00g 铁屑，放入锥形瓶中，加入 20mL $1mol \cdot L^{-1}$ Na_2CO_3 溶液，小火加热约 10min，以除去铁屑表面的油污。倾析法除去碱液，再用去离子水将铁屑洗净（是指洗净什么？怎么判断是否洗净？）。

（2）硫酸亚铁的制备　在盛有洗净铁屑的锥形瓶中，加入 15mL $3mol \cdot L^{-1}$ H_2SO_4，放在水浴上加热，使铁屑与稀硫酸发生反应（温度控制在 70～80℃，反应大约半小时，在通风橱中进行）。在反应过程中适当添加去氧水，以补充蒸发掉的水分。当反应进行到不再产生气泡时，表示反应基本完成。趁热常压过滤，收集滤液。将锥形瓶和滤纸上的残渣收集在一起，用滤纸吸干水分后称重（如残渣量极少，可不收集）。计算得出所反应的铁屑的质量。

2. 硫酸铵饱和溶液的配制

根据已作用的铁的质量和反应式中的物量关系，计算所需 $(NH_4)_2SO_4$ 的质量和室温下配制硫酸铵饱和溶液所需要的溶剂体积（几种盐的溶解度见附表 1）。根据计算结果配制 $(NH_4)_2SO_4$ 的饱和溶液。

3. 硫酸亚铁铵的制备

将 $(NH_4)_2SO_4$ 饱和溶液倒入盛有 $FeSO_4$ 溶液的蒸发皿中，混匀，用 pH 试纸检验溶液的 pH 值是否为 1～2，若酸度不够，用 $3mol \cdot L^{-1}$ H_2SO_4 溶液调节。

在水浴上蒸发混合溶液，浓缩至表面出现晶膜为止（**注意：蒸发过程不宜搅动**）（为什么？）。静置，让溶液自然冷却至室温减压抽滤，用 5mL 乙醇淋洗晶体，以除去晶体表面上附着的水分。继续抽滤，然后取出晶体放置在表面皿上晾干。最后称量产品质量，计算产率。

数据结果与分析

1. 数据记录和计算

已作用的铁的质量/g	$(NH_4)_2SO_4$ 饱和溶液		$FeSO_4 \cdot (NH_4)_2SO_4 \cdot 6H_2O$		
	$(NH_4)_2SO_4$ 质量/g	H_2O 体积/mL	理论产量/g	实际产量/g	产率/%

2. 结果分析

课外拓展

硫酸亚铁铵是一种重要的化工原料，用途十分广泛。为了确定制备所得产品的组成，请查阅文献资料，写出测定 Fe^{2+} 、NH_4^+ 、SO_4^{2-} 及结晶水含量的实验方案。

附表

表 1　几种盐的溶解度数据（g/100g 水）

项目	0℃	10℃	20℃	30℃	40℃	60℃	70℃	80℃
$(NH_4)_2SO_4$	70.6	73.0	75.4	78.0	81.0	88.0		95.3
$FeSO_4 \cdot 7H_2O$	32.89	45.17	62.11	82.73	110.27		266	
$FeSO_4 \cdot (NH_4)_2SO_4 \cdot 6H_2O$	26.35		41.36		62.26	92.49		139.48

实验六

三草酸合铁（Ⅲ）酸钾的制备

预习要求

1. 了解配合物形成的基本原理，熟悉加热、过滤、蒸发浓缩、结晶等基本操作。
2. 书写预习报告，并按照指导教师的要求完成思考题。
3. 请参考前述实验的表格形式，把合成产品的离子检验方案写在预习报告里。

思考题

1. 溶解 $(NH_4)_2Fe(SO_4)_2$ 时需要注意哪些问题？
2. 为什么洗涤草酸亚铁沉淀不用常温而用温热的去离子水？
3. 为何先将 Fe^{2+} 转化为草酸盐沉淀后再进行氧化？直接在可溶盐阶段进行氧化不可以吗？
4. 为什么本实验的过滤不采用常压过滤而是倾析法过滤？
5. 本实验的结晶原理是什么？为什么不采用蒸发浓缩结晶？
6. 如果操作不当，得到的产品晶体不是翠绿色而是带有黄色，这个黄色物质是什么？分析其产生的原因。

实验目的

1. 练习配合物的制备、定性检验的基本操作。

2. 通过对产品制备、提纯、性质检验等综合性实验操作的训练，培养分析与解决较复杂问题的能力。

实验原理

三草酸合铁（Ⅲ）酸钾（$K_3[Fe(C_2O_4)_3] \cdot 3H_2O$）为翠绿色的单斜晶体，易溶于水（溶解度 0℃，4.7g/100g；100℃，117.7g/100g），难溶于乙醇。110℃下可失去全部结晶水，230℃时分解。此配合物对光敏感，受光照射分解变为黄色：

$$2K_3[Fe(C_2O_4)_3] \longrightarrow 2FeC_2O_4 + 3K_2C_2O_4 + 2CO_2$$

其合成工艺路线有多种，本实验采用的方法是首先由硫酸亚铁铵与草酸反应制备草酸亚铁：

$$(NH_4)_2Fe(SO_4)_2 \cdot 6H_2O + H_2C_2O_4 \longrightarrow FeC_2O_4 \cdot 2H_2O\downarrow + (NH_4)_2SO_4 + H_2SO_4 + 2H_2O$$

然后在过量草酸根存在下，用过氧化氢氧化草酸亚铁即可得到三草酸合铁（Ⅲ）酸钾，同时有氢氧化铁生成：

$$6FeC_2O_4 \cdot 2H_2O + 3H_2O_2 + 6K_2C_2O_4 \longrightarrow 4K_3[Fe(C_2O_4)_3] + 2Fe(OH)_3\downarrow + 12H_2O$$

加入适量草酸可使 $Fe(OH)_3$ 转化为三草酸合铁（Ⅲ）酸钾配合物：

$$2Fe(OH)_3 + 3H_2C_2O_4 + 3K_2C_2O_4 \longrightarrow 2K_3[Fe(C_2O_4)_3] + 6H_2O$$

再加入乙醇，避光放置即可析出产物的结晶。其后几步总反应式为：

$$2FeC_2O_4 \cdot 2H_2O + H_2O_2 + 3K_2C_2O_4 + H_2C_2O_4 \longrightarrow 2K_3[Fe(C_2O_4)_3] \cdot 3H_2O$$

实验仪器用品和试剂

1. 实验仪器用品：天平、烧杯、玻璃棒、布氏漏斗、吸滤瓶、量筒、真空泵、表面皿、滴管、酒精灯、点滴板、试管、试管架、滤纸。

2. 试剂：H_2SO_4（$3mol \cdot L^{-1}$）、$H_2C_2O_4$（$1mol \cdot L^{-1}$）、$(NH_4)_2Fe(SO_4)_2 \cdot 6H_2O$（s）、$K_2C_2O_4$（饱和）、酒石酸氢钠（饱和）、KSCN（$0.1mol \cdot L^{-1}$）、$FeCl_3$（$0.1mol \cdot L^{-1}$）、$CaCl_2$（$0.5mol \cdot L^{-1}$）、$H_2O_2$（3%）、乙醇（95%）。

实验内容

1. 制备 $FeC_2O_4 \cdot 2H_2O$

称取 $(NH_4)_2Fe(SO_4)_2 \cdot 6H_2O$ 3.00g，放入 100mL 烧杯中，加入 $3mol \cdot L^{-1}$ H_2SO_4 0.5mL，再加 10mL 去离子水，加热搅拌使之溶解。然后加入 15mL $1mol \cdot L^{-1}$ $H_2C_2O_4$，加热搅拌至沸腾，并维持微沸 5min。静置，待沉淀（**注意观察颜色**）沉降后用倾析法倒出上层清液，用温热的去离子水少量多次洗涤沉淀，以除去可溶性杂质离子。

2. 制备 $K_3[Fe(C_2O_4)_3] \cdot 3H_2O$

往上述制备所得的沉淀中加入饱和 $K_2C_2O_4$ 溶液 8mL，水浴加热至 40℃（温度太高或者太低有什么影响?），用滴管缓慢加入 3% H_2O_2 10mL，不断搅拌，此时有 $Fe(OH)_3$ 沉淀生成（**注意观察现象**），然后将溶液加热至沸并不断搅拌以除去过量的 H_2O_2。一次性加入 3mL $1mol \cdot L^{-1}$ $H_2C_2O_4$ 溶液，然后再缓慢滴加 $1mol \cdot L^{-1}$ $H_2C_2O_4$ 溶液直至使沉淀溶解变为透明的绿色溶液为止（上述操作保持溶液沸腾，并不断搅拌）。将烧杯放置在暗处冷却至室温，加入 95%乙醇 20mL 后在暗处放置 20min 结晶。减压过滤，用少量乙醇洗涤产品，最后称量，计算产率。

3. 产品重结晶

为得到纯净的产品，可自行设计方案利用重结晶法进行提纯。

4. 产品的离子检验

称量 1.00g 产品物质，加入 10mL 去离子水溶解，分别取 5～6 滴三草酸合铁酸钾溶液至试管中，分别进行 K^{+}、Fe^{3+}、$C_2O_4^{2-}$ 离子的检验，记录实验现象。

数据结果与分析

1. 产品产率：产品__________g；理论产量__________g；产率＝__________

2. 产品的离子检验

检测离子	检测方法	离子反应式或者说明解释	现象	
			对照的溶液	产品溶液
K^{+}				
Fe^{3+}				
$C_2O_4^{2-}$				

3. 结果分析

课外拓展

利用三草酸合铁（Ⅲ）酸钾对光敏感的性质，可以自制感光纸或者感光液。

自制感光纸：称取 0.5g 产品和 $K_3[Fe(CN)_6]$固体 0.6g，加 8mL 去离子水配成溶液，涂在纸上即制成黄色感光纸。附上图案，在日光下（或红外灯光下）照射，曝光部分呈深蓝色，被遮盖部分没有曝光即显影出图案。

自制感光液：称取 0.5g 产品，加 8mL 去离子水配成溶液，用滤纸做成感光纸。附上图案，在日光下（或红外灯光下）曝光，然后去掉图案，用约 3.5%的 $K_3[Fe(CN)_6]$溶液浸润或漂洗，即显影出图案。

第7章 基本常数测定

实验七

分光光度法测定碘酸铜的溶度积常数

预习要求

1. 掌握沉淀-溶解平衡的基本原理以及溶度积常数的计算方法。
2. 预习吸量管、移液管、容量瓶等的基本操作。
3. 了解标准曲线的绘制方法，学习 V-1100D 型分光光度计的使用。
4. 书写预习报告，并按照指导教师的要求完成思考题。

思考题

1. 制备 $Cu(IO_3)_2$ 饱和溶液应注意哪些问题？如果 $Cu(IO_3)_2$ 溶液未达到饱和，对测定结果有何影响？
2. 什么是标准曲线？绘制标准曲线有什么作用？
3. 假如在过滤 $Cu(IO_3)_2$ 饱和溶液时有 $Cu(IO_3)_2$ 固体穿透滤纸，将对实验结果产生什么影响？
4. 在绘制标准曲线的操作中，为什么用去离子水作参比溶液？
5. 查阅资料，获得 $Cu(IO_3)_2$ 的理论溶度积常数 $K_{sp}^{\ominus}$，与自己的实验值进行比较，并分析。

实验目的

1. 了解分光光度法测定碘酸铜溶度积常数的原理和方法。
2. 学习 V-1100D 型分光光度计的使用方法。

实验原理

碘酸铜是难溶强电解质，在其饱和水溶液中，存在着下列平衡：

$$Cu(IO_3)_2(s) \rightleftharpoons Cu^{2+}(aq) + 2IO_3^-(aq)$$

在一定温度下，平衡溶液中 Cu^{2+} 浓度与 IO_3^- 浓度平方的乘积是一个常数：

$$K_{sp}^{\ominus} = [Cu^{2+}][IO_3^-]^2$$

（严格来讲应当以离子活度代替离子浓度，一般情况下则忽略它们之间的差别。）

$K_{sp}^{\ominus}$ 称为溶度积常数，它和其他平衡常数一样，随温度的不同而改变。因此，如果能测得在一定温度下碘酸铜饱和溶液中的 $[Cu^{2+}]$ 和 $[IO_3^-]$，就可以求算出该温度下 $Cu(IO_3)_2$ 的 $K_{sp}^{\ominus}$。

本实验由硫酸铜和碘酸钾反应制备碘酸铜饱和溶液，通过测定饱和溶液中 Cu^{2+} 的浓度来计算溶度积常数。Cu^{2+} 浓度可以采用分光光度计法进行测定，将 Cu^{2+} 与过量氨水作用生成深蓝色的配离子 $[Cu(NH_3)_4]^{2+}$，该配离子对波长 600nm 的光具有强吸收。根据朗伯-比尔定律，有色物质对光的吸收程度（用吸光度 A 表示）与其浓度成正比。因此，通过配制一系列已知浓度的 Cu^{2+} 标准溶液，测定梯度浓度 Cu^{2+} 与过量氨水反应生成铜氨配离子 $[Cu(NH_3)_4]^{2+}$ 的吸光度值 A，可以绘制得到反映 $[Cu(NH_3)_4]^{2+}$ 与 A 关系的标准曲线（也称工作曲线），从而可以计算出饱和溶液中的 $[Cu^{2+}]$，最后利用平衡时 $[Cu^{2+}]$ 和 $[IO_3^-]$ 关系计算得到 $Cu(IO_3)_2$ 的 $K_{sp}^{\ominus}$。

实验仪器用品和试剂

1. 实验仪器用品：烧杯、玻璃棒、漏斗、漏斗架、酒精灯、点滴板、洗瓶、吸量管、移液管、容量瓶、天平、温度计、V-1100D 型分光光度计、滤纸、洗耳球。

2. 试剂：$CuSO_4 \cdot 5H_2O$（s）、KIO_3（s）、$NH_3 \cdot H_2O$（$6mol \cdot L^{-1}$）、$CuSO_4$（$0.100mol \cdot L^{-1}$）。

实验内容

1. $Cu(IO_3)_2$ 固体的制备

称取 2.00g $CuSO_4 \cdot 5H_2O$ 置于小烧杯中，加入 20mL 去离子水，加热搅拌至晶体全部溶解。另称取 3.40g KIO_3 于另一小烧杯中，加入 20mL 去离子水，加热，搅拌至晶体全部溶解后，将其加入上面制得的 $CuSO_4$ 溶液中（**注：边搅拌边滴加**），得到 $Cu(IO_3)_2$ 沉淀，继续加热 5min，静置分层，倾析法除去上层清液。然后用热的去离子水洗涤沉淀，以除去可溶性杂质离子（检验什么离子？如何检验?）。

2. $Cu(IO_3)_2$ 饱和溶液的制备

将上述制得的 $Cu(IO_3)_2$ 固体加入 80mL 室温的去离子水，充分搅拌后放置 15min 以上，然后常压过滤（**注意：需用干的双层滤纸**），滤液收集于干燥的烧杯中。

3. 标准曲线的绘制

分别吸取 $0.100mol \cdot L^{-1}$ $CuSO_4$ 溶液 0.40mL、0.80mL、1.20mL、1.60mL 和 2.00mL 于 5 个 50mL 容量瓶中，各加入 $6mol \cdot L^{-1}$ $NH_3 \cdot H_2O$ 5mL，摇匀，用去离子水稀释至刻度，再摇匀。以去离子水作参比液，选用 1cm 比色皿，选择入射光波长为 600nm（如何确定是 600nm?），用分光光度计分别测定各溶液的吸光度 A。以吸光度 A 为纵坐标，相应的$[Cu(NH_3)_4]^{2+}$ 为横坐标绘制标准曲线。

4. 饱和溶液中 Cu^{2+} 浓度的测定

吸取 20.00mL 过滤后的 $Cu(IO_3)_2$ 饱和溶液于 50mL 容量瓶中，加入 5mL $6mol \cdot L^{-1}$ $NH_3 \cdot H_2O$，摇匀，用去离子水稀释至刻度，再摇匀。按照上述标准曲线同样的条件测定溶液的吸光度，记录数据。

数据结果与分析

1. 记录数据，并且绘制标准曲线。

项目	1	2	3	4	5
V_{CuSO_4}/mL					
相应的$[Cu^{2+}]$/mol·L^{-1}					
吸光度(A)					

2. 根据 $Cu(IO_3)_2$ 饱和溶液样品的吸光度 A，通过标准曲线计算求出原饱和溶液中的 $[Cu^{2+}]$，最后计算 $Cu(IO_3)_2$ 的 $K_{sp}^{\ominus}$。

课外拓展

朗伯-比尔定律是光通过物质时被吸收的定律。它适用于所有电磁辐射和所有吸光物质，包括气体、固体、液体、分子、原子和离子。朗伯-比尔定律是吸光光度法、比色分析法和光电比色法的定量基础。朗伯-比尔定律的物理意义是：当一束平行单色光垂直通过某一均匀非散射的吸光物质时，其吸光度 A 与吸光物质的浓度 c 及吸收层厚度 l 成正比。当介质中含有许多吸光组分时，只要各组分间没有相互作用，在某一波长下，介质的总吸光度是各组分在该波长下吸光度之和，这一规律称为吸光度的加合性。

根据上述物质对光吸收的特性原理，你知道可以采用什么办法来提高光度法测量的准确性吗？

实验八

电导率法测定硫酸钡的溶度积常数

预习要求

1. 了解电导率与离子浓度的关系，学习电导率法测定溶度积常数的原理。
2. 巩固电导率仪的操作使用。
3. 书写预习报告，并按照指导教师的要求完成思考题。

思考题

1. 制备硫酸钡饱和溶液时为什么需要先煮沸再冷却？
2. 测定去离子水和 $BaSO_4$ 饱和溶液的电导率时，若水的纯度不高，或所用玻璃器皿不够洁净，将对实验结果有何影响？
3. 本实验操作过程中，你认为哪一步操作对实验结果的影响最大？请说明。

实验目的

1. 了解利用电导率仪测定难溶电解质溶度积的原理。
2. 进一步掌握电导率仪的使用操作。
3. 学习沉淀的生成、陈化、离心分离、洗涤等基本操作。

实验原理

难溶电解质的溶解度很小，很难直接测定。目前测定的方法主要有分光光度法、电导率法、离子交换法等方法，电导率法是比较简单的方法。本实验采用该法测定难溶强电解质硫酸钡的溶度积常数。通过测定溶液的电导或电导率，根据电导与浓度之间的关系，计算难溶电解质的溶解度，进而计算出溶度积。

电解质溶液的摩尔电导 Λ 可由下式得出：

$$\Lambda=\frac{\kappa}{c}\times10^{-3}(\mathrm{S\cdot m^2\cdot mol^{-1}})$$

式中，κ 为电导率；c 为溶液浓度。

当溶液无限稀释时，每种电解质的极限摩尔电导 Λ_0 是每种离子的极限摩尔电导的简单加和：

$$\Lambda_0=\Lambda_{0,+}+\Lambda_{0,-}$$

离子的极限摩尔电导可从物理化学手册上查到。

由于 $BaSO_4$ 的溶解度很小，其饱和溶液可以近似看成无限稀释溶液，故有：

$$\Lambda_0=\Lambda_0(Ba^{2+})+\Lambda_0(SO_4^{2-})=287.28\times10^4(\mathrm{S\cdot m^2\cdot mol^{-1}})$$

因此，只需测得 $BaSO_4$ 饱和溶液的电导率或电导，即可计算出 $BaSO_4$ 饱和溶液的浓度：

$$c(BaSO_4)=\frac{\kappa(BaSO_4\ \text{测})}{1000\Lambda_0(BaSO_4)}(\mathrm{mol\cdot L^{-1}})$$

应该注意的是，测得的 $BaSO_4$ 饱和溶液的电导率或电导值，包括了水电离的 H^+ 和 OH^-，因此计算时必须减去，即：

$$\kappa(BaSO_4)\approx\kappa(BaSO_4\ \text{测})-\kappa(H_2O)$$

在 $BaSO_4$ 饱和溶液中，存在如下平衡：

$$BaSO_4 \rightleftharpoons Ba^{2+}+SO_4^{2-}$$

因此 $BaSO_4$ 的溶度积与离子浓度、电导率的关系为：

$$K_{SP}(BaSO_4)=c(Ba^{2+})c(SO_4^{2-})=\frac{\kappa(BaSO_4\ \text{测})-\kappa(H_2O)}{1000\Lambda_0(BaSO_4)}$$

实验仪器用品和试剂

1. 实验仪器用品：DDB-303A 型电导率仪、离心机、离心试管、烧杯、量筒、表面皿、酒精灯、石棉网、洗瓶。

2. 试剂：H_2SO_4（$3\mathrm{mol\cdot L^{-1}}$）、$BaCl_2$（$1\mathrm{mol\cdot L^{-1}}$）、$AgNO_3$（$0.1\mathrm{mol\cdot L^{-1}}$）。

实验内容

1. $BaSO_4$ 沉淀的制备

量取 $3\mathrm{mol\cdot L^{-1}}$ H_2SO_4 2mL 倒入 100mL 烧杯中，再加入 50mL 去离子水稀释。将 H_2SO_4 溶液加热至近沸，一边搅拌一边滴加 6mL $1\mathrm{mol\cdot L^{-1}}$ $BaCl_2$ 溶液，加完后盖上表面皿，继续加热煮沸 5min（**注意：小心溶液溅出!**），小火保温 10min，再搅拌数分钟后，将烧杯静置，使沉淀陈化。当上层溶液变为澄清时，用倾析法倾去上层清液。然后通过离心分离的办法，进一步除去上清液，以利于操作洗涤沉淀。向离心试管中加入4～5mL近沸的去离子水，充分洗涤沉淀，再离心分离，弃去洗涤液。重复洗涤并进行离子检验（检验什么离子？如何检验?）。

2. $BaSO_4$ 饱和溶液的制备

将上述制得的 $BaSO_4$ 沉淀全部转移到烧杯中，加60mL去离子水，搅拌均匀后，盖上表面皿，加热煮沸3～5min，稍冷后，再置于冷水浴中搅拌5min后静置、冷却至室温。当上层溶液澄清时，取其进行电导率的测定。

3. 电导率的测定

（1）测定 $BaSO_4$ 饱和溶液的电导率。

（2）测定用于配制 $BaSO_4$ 饱和溶液的去离子水的电导率。

数据结果与分析

1. 数据记录：$BaSO_4$ 饱和溶液的电导率＝________；去离子水的电导率＝________。$BaSO_4$ 的溶度积常数 K_{sp}＝________。

2. 结果分析

课外拓展

目前我们学习了分光光度法和电导率法测定难溶强电解质的溶度积常数，采用离子交换法也可以测定。根据前面实验四学习的离子交换树脂的工作原理，请写出离子交换法测定硫酸钡溶度积常数的实验方案。

实验九

弱酸解离常数的测定

预习要求

1. 掌握缓冲溶液的性质，学习弱酸解离常数的计算方法。
2. 学习并掌握移液管、吸量管、容量瓶的操作方法。
3. 学习本书中关于pH计的操作内容。
4. 书写预习报告，并按照指导教师的要求完成思考题。

思考题

1. 实验中用到的烧杯、移液管、吸量管、容量瓶等是否需要润洗？如果需要，请分别说明用什么溶液润洗。

2. 当容量瓶口较小，吸量管不能直接伸入吸取溶液时，可以将容量瓶中的溶液倒入干燥的烧杯中再吸取，请问该烧杯是否需要润洗？请说明原因。

3. 乙酸溶液平衡体系中未解离的HAc、H^+ 和 Ac^- 的浓度如何获得？

4. 在测定乙酸溶液的pH值时，为什么由低浓度到高浓度进行测定？

5. 请分析下列情况使用pH计进行测量对结果产生的影响。

（1）电极的测量部分没有完全浸没在待测溶液中。

（2）电极的测量部分没有擦干水。

实验目的

1. 掌握弱酸解离常数的测定方法。

2. 学习 pH 计（酸度计）的使用方法。

3. 学习移液管、吸量管、容量瓶的使用，练习配制溶液。

实验原理

乙酸（醋酸，CH_3COOH 或 HAc）是一元弱酸，在水溶液中存在下列平衡：

$$HAc \rightleftharpoons H^+ + Ac^-$$

其平衡常数表达式为（为简洁起见，表达式中略去 $c^\ominus$）：

$$K_{HAc} = \frac{[H^+][Ac^-]}{[HAc]}$$

（1）直接测定 HAc 溶液的 pH 值法　根据上述平衡关系，通过计算 K_{HAc} 即可求出 pK_{HAc}。已知 $pH = -\lg[H^+]$，因此采用 pH 计可以测定一系列已知浓度乙酸溶液的 pH 值，从而计算出 $[H^+]$，然后根据 $[H^+] = \sqrt{c_{HAc}K_{HAC}}$ 的关系求出乙酸的电离常数 K_{HAc}，最后计算得到解离常数 pK_{HAc}。

（2）测定 HAc-NaAc 缓冲溶液的 pH 值法　在 HAc 和 NaAc 组成的缓冲溶液中，由于同离子效应，缓冲溶液存在如下平衡关系：

$$\lg K_{HAc} = \lg[H^+] + \lg\frac{[Ac^-]}{[HAc]}$$

或

$$pK_{HAc} = pH - \lg\frac{[Ac^-]}{[HAc]}$$

当配制相同浓度的 HAc 和 NaAc 组成的缓冲溶液，此时 $[Ac^-] = [HAc]$，则

$$pK_{HAc} = pH$$

因此在一定温度下，如果测得乙酸溶液中 $[Ac^-] = [HAc]$ 时的 pH 值，即可计算出解离常数 pK_{HAc}。

实验仪器用品和试剂

1. 实验仪器用品：FE22 型 pH 计、容量瓶、烧杯、移液管、吸量管、玻璃棒、滴管、滤纸条、洗耳球。

2. 试剂：HAc 标准溶液（$0.1000mol \cdot L^{-1}$，由实验室配制并标定），NaOH（$0.1mol \cdot L^{-1}$）、酚酞酒精溶液（1%）。

实验内容

1. 直接测定 HAc 溶液的 pH 值

（1）配制不同浓度的 HAc 溶液　准备好 4 个洁净干燥的小烧杯编成 1～4 号，和 3 个干净的容量瓶编成 1～3 号。用 4 号烧杯盛装 HAc 标准溶液约 50mL，然后用吸量管从烧杯中吸取 5.00mL、10.00mL HAc 标准溶液分别放入 1 号、2 号容量瓶中，用移液管从烧杯中吸

取25.00mL HAc标准溶液放入3号容量瓶中，分别在3个容量瓶中加入去离子水至刻度线，充分摇匀，待用。计算3个容量瓶中HAc溶液的准确浓度。

（2）测定不同浓度HAc溶液的pH值　把以上配制好的HAc溶液按照浓度由低到高的顺序，用pH计分别测定其pH值。

2.测定HAc-NaAc缓冲溶液的pH值

（1）配制不同浓度的HAc溶液　操作方法与上面所述相同。

（2）制备等浓度的HAc和NaAc缓冲溶液并测定其pH值　从1号容量瓶中用吸量管吸取10.00mL已知准确浓度的HAc溶液于1号烧杯中，加入1滴酚酞溶液，然后用滴管逐滴加入0.1mol·L^{-1} NaOH溶液（**注意：一边搅拌一边滴加**）（一次性加入不可以吗?），至酚酞溶液变粉红色且半分钟内不褪色为止。再从1号容量瓶中吸取10.00mL HAc溶液加入1号烧杯中，用玻璃棒搅拌均匀，即得等浓度的HAc和NaAc混合溶液，用pH计测定该混合溶液的pH值。

（3）分别用2号、3号容量瓶中的已知准确浓度的HAc溶液重复上述操作，并分别测定所得混合溶液的pH值。

（4）数据的处理　上述实验测定所得HAc的3个pK值，由于实验误差可能不完全相同，可以采用下列方法进行处理，求出$\mathrm{p}K_{平均}$和标准偏差S。

$\mathrm{p}K_{平均}$　　$$\mathrm{p}K_{平均}=\frac{\sum \mathrm{p}K_i}{n}$$

误差Δ_i　　$$\Delta_i=\mathrm{p}K_{平均}-\mathrm{p}K_{实验}$$

标准偏差S　　$$S=\sqrt{\frac{\sum_{i=1}^{n}\Delta_i^2}{n-1}}$$

式中，n为实验样品数。

数据结果与分析

1.数据的记录

样品号	[HAc] /mol·L^{-1}	pH值		Ac电离常数 K_{HAc}	解离常数pK_{HAc}	
		HAc溶液	HAc-NaAc溶液		HAc溶液	HAc-NaAc溶液
1						
2						
3						
平均值						

2.结果分析

课外拓展

根据本实验的原理，试设计测定$NH_3\cdot H_2O$解离度和解离常数的实验方案，并完成实验。

实验十
分光光度法测定磺基水杨酸铜配合物的组成和稳定常数

预习要求

1. 预习配合物的组成、稳定性等有关内容。
2. 进一步练习分光光度计的操作使用。
3. 书写预习报告，并按照指导教师的要求完成思考题。

思考题

1. 如果溶液中同时存在几种不同组成的有色配合物，能否用本实验方法测定它们的组成和稳定常数？为什么？
2. 本实验测定的每份溶液 pH 值是否需要一致？如不一致对结果有何影响？
3. 本实验操作过程中，哪一步操作对实验结果的影响最大？请说明。
4. 请总结分光光度计使用的注意事项。

实验目的

1. 学习并掌握分光光度法测定溶液中配合物的组成和稳定常数的原理及方法。
2. 进一步熟悉移液管、吸量管、容量瓶的操作。
3. 熟悉并巩固分光光度计的操作使用。
4. 学习用图解法处理实验数据。

基本原理

根据朗伯-比耳定律，溶液中有色物质对光的吸收程度（吸光度 A）与液层的厚度和有色物质的浓度成正比。当液层厚度不变时，吸光度与有色物质的浓度成正比，即

$$A=\varepsilon bc$$

式中，ε 为摩尔吸收系数（$L\cdot mol^{-1}\cdot cm^{-1}$）；$b$ 为液层厚度，即比色皿的厚度，cm；c 为待测物质的浓度，$mol\cdot L^{-1}$。

基于这一原理，如果组成配合物的中心离子 M 与配位体 L 在溶液中无色（或者在选定的波长下无吸收），只有被测的配离子 ML_n（省去电荷）有吸收，则可以通过测定该配合物的吸光度值来分析配合物的组成和稳定常数。

磺基水杨酸（HOOC / HO—⟨苯环⟩—SO_3H，简式为 H_3R）是一种有机试剂，对过渡金属和重金属离子具有较强的配合能力，是化学分析中一种常用的试剂。磺基水杨酸与 Cu^{2+} 能在 pH=5 左右形成 1∶1 配离子，显亮绿色；在 pH≥8.5 形成 1∶2 配离子，显深绿色。已知在 pH 值为 4.5～4.8 的溶液中选用波长为 440nm 的单色光时，H_3R 不吸收，Cu^{2+} 对光也几乎不吸收，而它们的配合物有强吸收，因此采用分光光度法分析该配合物的组成和稳定常数。

分光光度法测定配离子组成常用的方法有摩尔比法、等摩尔系列法，本实验用等摩尔系列法进行测定。将 M 溶液和 L 溶液配成一系列溶液（其中 M 和 L 总的物质的量不变，但两者的摩尔分数连续变化），在特定波长下测定系列溶液的吸光度。以吸光度值 A 对配体（或金属离子）物质的量分数 x_L（或 x_M）绘制吸光度-组成图（图 1），从图中可见，吸光度极大值相对应的溶液组成便是该配合物的组成。

通过图 1 可以求算配合物的稳定常数。当 M 浓度较低、L 浓度较高时，或当 M 浓度较高、L 浓度较低时，吸光度 A 与配合物浓度近似成直线关系；当 M 和 L 浓度之比接近配合物组成时，图中的直线则变得比较平坦（为什么?）。将曲线两边的直线部分延长线相交，此时吸光度极大值（A_1）被认为是配合物在溶液中稳定不解离的吸光度，由于配离子发生解离，A_2 为实验测得的吸光度极大值。由此可见，配合物的解离度越大，则 A_1 与 A_2 的差值就越大，所以配离子的解离度 α 可以表示为：

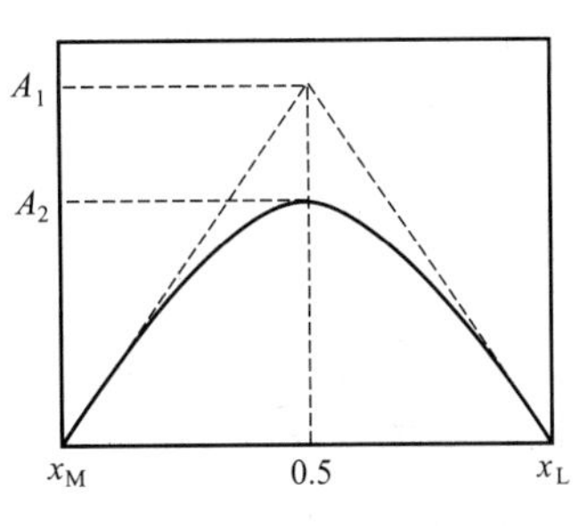

图 1　配合物吸光度-组成图

$$\alpha=\frac{A_1-A_2}{A_1}$$

金属离子与配体以 1∶1 组成的配合物，根据下面关系式可以表观导出稳定常数 $K_{稳}$：

$$M+L \rightleftharpoons ML$$

平衡浓度　　c_a　c_a　$c-c_a$

$$K_{稳}=\frac{[ML]}{[M][L]}=\frac{1-\alpha}{\alpha^2 c}$$

式中，c 为直线延长线交点相对应的溶液中金属离子浓度。

实验仪器用品和试剂

1. 实验仪器用品：V-1100D 型分光光度计、烧杯、吸量管、移液管、pH 计、玻璃棒、洗耳球、容量瓶、滴管。

2. 试剂：$Cu(NO_3)_2$（0.05mol・L^{-1}）、磺基水杨酸（0.05mol・L^{-1}）、NaOH（0.1mol・L^{-1}，2mol・L^{-1}）、HNO_3（2mol・L^{-1}）、KNO_3（0.1mol・L^{-1}）。

实验内容

（1）准备 13 个干净的 50mL 烧杯并编号，按照下列记录表的要求配制系列混合溶液。

（2）调节上述配制好的混合溶液的 pH 值为 4.5～4.8（一边搅拌一边滴加，用 pH 计测定）（选用什么试剂调节？从哪个编号开始调节?）。

（3）将调好 pH 的溶液分别转移到 50mL 容量瓶中，用 pH4.5～4.8 的 0.1mol・L^{-1} KNO_3 溶液稀释至刻度线，摇匀。

（4）在波长为 440nm 下，用分光光度计分别测定各混合溶液的吸光度并记录数据。

数据结果与分析

1. 数据记录

溶液编号	1	2	3	4	5	6	7	8	9	10	11	12	13
V_{H_3R}/mL	0	2.0	4.0	6.0	8.0	10.0	12.0	14.0	16.0	18.0	20.0	22.0	24.0
$V_{Cu(NO_3)_2}$/mL	24	22.0	20.0	18.0	16.0	14.0	12.0	10.0	8.0	6.0	4.0	2.0	0
$X_L=\frac{V_L}{V_L+V_M}$													
吸光度 A													

注：V_L 为表中水杨酸体积；V_M 为表中硝酸铜体积。

以吸光度 A 为纵坐标，磺基水杨酸摩尔分数 X_L 为横坐标，绘制吸光度-组成图。

2. 求出配合物 CuL_n 的组成和表观稳定常数 $K_{稳}$。

3. 结果分析

课外拓展

我们在实验七和本实验学习了分光光度法测定物质的物性参数，众所周知，物质对光的吸收具有选择性，因此，采用分光光度法必须先确定物质的特征吸收波长，然后再进行定量分析，即先绘制吸收曲线，然后再绘制标准曲线（也叫工作曲线）。前面我们已经学习了标准曲线的绘制方法，请根据上述说明，设计测定本实验吸收曲线的实验方案，并绘制出图。

第8章 元素性质实验

实验十一 电离平衡

预习要求

1. 预习有关同离子效应、盐类的水解作用以及缓冲溶液等基本知识。
2. 了解酸碱指示剂及 pH 试纸的种类及其作用原理。
3. 学习书写性质实验的预习报告，并按照指导教师的要求完成思考题。

思考题

1. 配制 $BiCl_3$ 溶液时，能否将固体 $BiCl_3$ 直接溶于去离子水中？应当如何配制？
2. 两种能水解的盐能否相互反应？设计一个实验证明。
3. 请总结哪些因素会影响盐的水解。

实验目的

1. 加深理解同离子效应、盐类的水解作用及影响水解的主要因素。
2. 学习缓冲溶液的配制方法，并试验其缓冲作用。
3. 掌握酸碱指示剂及 pH 试纸的使用方法。

实验原理

在弱电解质的溶液中加入含有相同离子的另一电解质时，弱电解质的解离程度变小，这种效应叫作同离子效应。

盐类的水解是中和反应的逆反应，水解后溶液的酸碱性决定于盐的性质。水解反应是吸热反应，因此升高温度和稀释溶液有利于水解的进行。有些盐水解后只能改变溶液的 pH 值，有些盐水解后既能改变溶液的 pH 值又能产生沉淀或气体。例如，$BiCl_3$ 水解能产生难溶的 BiOCl 白色沉淀，同时使溶液的酸度增加。其水解反应的离子方程式为：

$$Bi^{3+} + Cl^- + H_2O \longequal BiOCl(s) + 2H^+$$

一种能水解呈酸性的盐和另一种能水解呈碱性的盐相混合时，将加剧两种盐的水解。例如，将 $Al_2(SO_4)_3$ 溶液与 $NaHCO_3$ 溶液混合、$Cr_2(SO_4)_3$ 溶液与 Na_2CO_3 溶液混合或 NH_4Cl 溶液与 Na_2CO_3 溶液混合时都会发生这种现象。有关离子方程式分别为：

$$Al^{3+} + 3HCO_3^- = Al(OH)_3(s) + 3CO_2(g)$$

$$Cr^{3+} + 3CO_3^{2-} + 3H_2O = Cr(OH)_3(s) + 3HCO_3^-$$

$$NH_4^+ + CO_3^{2-} + H_2O \xlongequal{} NH_3 \cdot H_2O + HCO_3^-$$

用 $NH_3 \cdot H_2O$ 与铵盐（或 HAc 与醋酸盐）可配制 pH 值在 9.26（或 4.74）附近的缓冲溶液。当加入少量酸或少量碱时，溶液的 pH 值不会有显著变化。

实验仪器用品和试剂

1. 实验仪器用品：试管、试管架、量筒、烧杯、点滴板、广泛 pH 试纸、精密 pH 试纸（3.8～5.4）。

2. 试剂：HCl（$2mol \cdot L^{-1}$）、HAc（$0.1mol \cdot L^{-1}$）、NaOH（$2mol \cdot L^{-1}$）、NaAc（$0.1mol \cdot L^{-1}$）、Na_2CO_3（$1mol \cdot L^{-1}$）、$NaHCO_3$（$0.5mol \cdot L^{-1}$）、NH_4Cl（$1mol \cdot L^{-1}$）、$Al_2(SO_4)_3$（$0.1mol \cdot L^{-1}$）、$FeCl_3$（$0.1mol \cdot L^{-1}$）、$BiCl_3$（$0.1mol \cdot L^{-1}$）、NH_4Ac（s）、酚酞、甲基橙。

实验内容

1. 同离子效应

（1）在一支试管中加入 10 滴 $0.1mol \cdot L^{-1}$ HAc 溶液和 1 滴甲基橙溶液，摇匀，观察溶液显什么颜色。再加入少量 NH_4Ac（s），摇荡试管使之溶解，观察溶液的颜色有什么变化。请解释。

（2）用 $0.1mol \cdot L^{-1}$ $NH_3 \cdot H_2O$ 代替 $0.1mol \cdot L^{-1}$ HAc 溶液，用酚酞代替甲基橙，重复上述操作，并解释。

2. 盐类的水解

（1）用 pH 试纸分别测定下列 $0.1mol \cdot L^{-1}$ 溶液的 pH 值，并与理论值进行比较。

①NaAc；②HAc；③Na_2CO_3；④$NaHCO_3$；⑤NH_4Cl

（2）在一支试管中加入 1mL $0.1mol \cdot L^{-1}$ NaAc 溶液和 1 滴酚酞溶液，摇匀，观察溶液显什么颜色。再将溶液加热至沸，溶液颜色有何变化？请解释。

（3）分别在两支试管中加入 1mL 去离子水和 3 滴 $0.1mol \cdot L^{-1}$ $FeCl_3$ 溶液，摇匀，将其中一支试管用小火加热。两支试管中的溶液颜色有何不同？说明原因。

（4）在一支试管中加入 3 滴 $0.1mol \cdot L^{-1}$ $BiCl_3$ 溶液，再加入 1mL 去离子水，有什么现象出现？若再加入几滴 $2mol \cdot L^{-1}$ HCl 溶液，有何变化？请解释观察到的现象。

（5）在一支试管中加入 5 滴 $0.1mol \cdot L^{-1}$ $Al_2(SO_4)_3$ 溶液，再加入 $0.5mol \cdot L^{-1}$ $NaHCO_3$ 溶液，观察现象。以水解平衡移动的观点解释。

（6）在一支试管中加入 10 滴 $1mol \cdot L^{-1}$ NH_4Cl 溶液，再加入 $1mol \cdot L^{-1}$ Na_2CO_3 溶液，观察现象，并证明产物。写出反应的离子方程式。

3. 缓冲溶液的配制和性质

分别计算采用 $0.1mol \cdot L^{-1}$ HAc 溶液和 $0.1mol \cdot L^{-1}$ NaAc 溶液配制 pH=4.5 的缓冲溶液 10mL 各需多少体积，然后按照计算的量进行配制，用精密 pH 试纸检查所配溶液是否符合要求。

在三个试管中各加入所配的 HAc-NaAc 缓冲溶液 2mL，分别标记为 1、2、3 号。进行下列实验：

（1）在 1 号试管中加入 1 滴 $2mol \cdot L^{-1}$ HCl 溶液，摇匀后用精密 pH 试纸测定

pH 值。

(2) 在 2 号试管中加入 1 滴 $2mol \cdot L^{-1}$ NaOH 溶液，摇匀后用精密 pH 试纸测定 pH 值。

(3) 在 3 号试管中加入 1mL 去离子水，摇匀后用精密 pH 试纸测定 pH 值。

(4) 作为对照实验，在两个试管中各加 2mL 去离子水，用广泛 pH 试纸测其 pH 值，然后分别加入 $2mol \cdot L^{-1}$ HCl 溶液和 $2mol \cdot L^{-1}$ NaOH 溶液各 1 滴，再用广泛 pH 试纸测其 pH 值。

针对以上实验结果，说明缓冲溶液的性质。

注意：对本实验所配制的缓冲溶液，若要使其 pH 值变化一个单位，需要加入多少酸和碱溶液？通过实验验证。

课外拓展

缓冲溶液是由弱酸及其盐、弱碱及其盐组成的混合溶液，是无机化学及分析化学中的重要概念，具有维持生物体正常 pH 值和生理环境的生物学意义，认识学习缓冲溶液有利于我们深入了解人体复杂的化学反应机制。你知道人体是怎样调节自身的酸碱平衡吗？其中是否有缓冲对的作用？

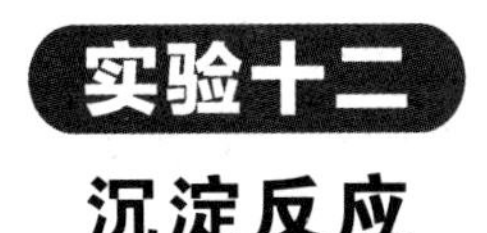

沉淀反应

预习要求

1. 阅读有关难溶电解质的多相离子平衡及溶度积规则等相关内容。
2. 阅读本书中关于离心机使用的相关内容。
3. 书写预习报告，并按照指导教师的要求完成思考题。

思考题

1. 根据溶解度计算，在 $AgNO_3$ 和 $Pb(NO_3)_2$ 混合溶液中，逐滴加入 K_2CrO_4 溶液，哪种沉淀先生成？为什么？
2. 计算 Ag_2CrO_4 与 NaCl 溶液反应的平衡常数。用平衡移动原理解释 Ag_2CrO_4 转化为 AgCl 沉淀的原因。
3. 哪些因素会影响沉淀的生成和溶解？

实验目的

1. 加深理解难溶电解质的多相离子平衡及溶度积规则。
2. 学习离心机的使用和离心分离操作。

实验原理

在难溶电解质（A_mB_n）的饱和溶液中，未溶解的固体和溶解后形成的离子间存在多相离子平衡：

$$A_mB_n(s) \rightleftharpoons mA^{n+} + nB^{m-}$$

其平衡常数表达式为：

$$K_{sp}^{\ominus} = [C(A^{n+})/C^{\ominus}]^m [C(B^{m-})/C^{\ominus}]^n$$

$C^{\ominus}$ 为标准状态下的浓度；C 为非标准状态下的浓度；$K_{sp}^{\ominus}$ 表示在难溶电解质饱和溶液中，难溶电解质离子相对浓度幂的乘积，称为溶度积。比较溶液中的离子积 Q_C 和溶度积 $K_{sp}^{\ominus}$ 的相对大小，可以判断沉淀的生成和溶解，这就是溶度积规则。即：

$Q_C > K_{sp}^{\ominus}$，溶液过饱和，有沉淀析出。

$Q_C = K_{sp}^{\ominus}$，溶液正好饱和。

$Q_C < K_{sp}^{\ominus}$，溶液未饱和，固体可继续溶解。

当在含有两种或两种以上离子的溶液中，逐滴加入某种共同的沉淀剂时，这些离子则按其 Q_C 达到 $K_{sp}^{\ominus}$ 时所需沉淀剂浓度由小到大的次序先后生成沉淀析出，这种现象称为分步沉淀。

根据平衡移动原理，借助于某一试剂的作用，可将一种沉淀转化为另一种沉淀，这个过程称为沉淀的转化。通常，溶解度较大的沉淀容易转化为溶解度较小的沉淀。例如，锅垢的主要成分是 $CaSO_4$，由于锅垢层致密且难溶于稀酸，可用 Na_2CO_3 将 $CaSO_4$ 转化为 $CaCO_3$，然后用稀酸清洗。

沉淀反应常被用于溶液中各种离子的分离。例如，为了分离溶液中的 Ag^+、Al^{3+}、Fe^{3+} 等混合离子，可先用稀盐酸使 Ag^+ 生成 AgCl 沉淀从溶液中析出，再在清液中加入 NaOH 至溶液呈碱性，此时 Fe^{3+} 生成 $Fe(OH)_3$ 沉淀从溶液中析出，Al^{3+} 转化为 $Al(OH)_4^-$ 则留在溶液中，从而达到 3 种离子分离的目的。该过程可用分离过程表示如下：

Ag^+、Al^{3+}、Fe^{3+}
HCl
AgCl↓　　Al^{3+}、Fe^{3+}
NaOH溶液
$Fe(OH)_3$↓　　$Al(OH)_4^-$

实验仪器用品和试剂

1. 实验仪器用品：电动离心机、试管、试管架、滴管、离心管。

2. 试剂：HCl（$2mol \cdot L^{-1}$）、NaOH（$2mol \cdot L^{-1}$，$6mol \cdot L^{-1}$）、$NH_3 \cdot H_2O$（$6mol \cdot L^{-1}$）、KI（$0.1mol \cdot L^{-1}$）、NaCl（$1mol \cdot L^{-1}$）、K_2CrO_4（$0.1mol \cdot L^{-1}$）、NH_4Cl（$1mol \cdot L^{-1}$）、$MgCl_2$（$0.1mol \cdot L^{-1}$）、$Pb(NO_3)_2$（$0.1mol \cdot L^{-1}$）、$FeCl_3$（$0.1mol \cdot L^{-1}$）、$AgNO_3$（$0.1mol \cdot L^{-1}$）、$NaNO_3$（s）。

实验内容

1. 沉淀的生成和溶解

（1）在试管中分别加入5滴0.1mol・$L^{-1}$$Pb(NO_3)_2$和5滴0.01mol・$L^{-1}$NaCl溶液（操作时自行稀释配制），观察实验现象，并解释。

（2）在试管中分别加入5滴0.1mol・$L^{-1}$$Pb(NO_3)_2$和5滴1mol・$L^{-1}$NaCl溶液，观察实验现象。然后加热试管，观察现象并解释。

（3）在试管中加入2滴0.1mol・$L^{-1}$$Pb(NO_3)_2$和2滴1mol・$L^{-1}$NaCl溶液，观察现象。然后再加入2滴0.1mol・L^{-1}KI溶液，观察实验现象。最后加入5mL去离子水，观察现象并解释。

（4）在试管中加入2滴0.1mol・$L^{-1}$$Pb(NO_3)_2$溶液和2滴0.1mol・$L^{-1}$KI溶液，再加入1mL去离子水，摇匀，观察现象。然后加入少量$NaNO_3$（s），摇匀，观察现象并解释。

（5）分别在两支试管中加入5滴0.1mol・L^{-1} $MgCl_2$溶液，然后滴加6mol・L^{-1} NH_3・H_2O至沉淀生成。在其中一支试管中加入几滴2mol・L^{-1}HCl，观察现象。在另一支试管中加入几滴1mol・$L^{-1}$$NH_4Cl$，观察现象并解释。

2. 分步沉淀

（1）在试管中加入3滴0.1mol・$L^{-1}$$AgNO_3$，然后再滴加0.1mol・$L^{-1}$$K_2CrO_4$溶液，摇匀，观察现象。写出离子反应式。

（2）在试管中加入3滴0.1mol・$L^{-1}$$Pb(NO_3)_2$，然后再滴加0.1mol・$L^{-1}$$K_2CrO_4$溶液，摇匀，观察现象。写出离子反应式。

（3）在一支试管中加入2滴0.1mol・$L^{-1}$$AgNO_3$和2滴0.1mol・$L^{-1}$$Pb(NO_3)_2$溶液，用去离子水稀释至2mL，摇匀，然后逐滴加入0.1mol・$L^{-1}$$K_2CrO_4$溶液，每加一滴都要充分振荡至试管中的颜色不变为止，观察颜色变化，解释现象。

3. 沉淀的转化

在试管中加入5滴0.1mol・$L^{-1}$$AgNO_3$，然后滴加0.1mol・$L^{-1}$$K_2CrO_4$溶液，振荡，得到沉淀后再逐滴加入0.1mol・$L^{-1}$NaCl溶液，充分振荡，观测现象并解释。

课外拓展

分步沉淀法为分离混合离子提供了很好的解决思路，请自行配制如下混合溶液，并设计实验方案，将混合液中的Ag^+、Fe^{3+}和Al^{3+}进行沉淀分离。

在一支试管中分别加入0.1mol・$L^{-1}$$AgNO_3$溶液、0.1mol・$L^{-1}$$Fe(NO_3)_3$和0.1mol・$L^{-1}$$Al(NO_3)_3$溶液各3滴，制备得到混合溶液。

实验十三
氧化还原反应

预习要求

1. 掌握能斯特方程中各反应因素对电极电势的影响。
2. 学习氧化还原反应及其影响因素。
3. 学习原电池的制作及其工作原理。
4. 书写预习报告，并按照指导教师的要求完成思考题。

思考题

1. 酸度对 Cl_2/Cl^-、Fe^{3+}/Fe^{2+}、Cu^{2+}/Cu、MnO_4^-/Mn^{2+}、SO_4^{2-}/SO_3^{2-} 等电对的电极电势有无影响？为什么？

2. 为什么 $K_2Cr_2O_7$ 溶液能氧化浓盐酸中的氯离子，而不能氧化 NaCl 浓溶液中的氯离子？

3. 纯锌与稀 H_2SO_4 溶液反应比较慢，为了加速这个反应可以加入几滴 $CuSO_4$ 溶液。请解释其原因。

实验目的

1. 加深理解温度、浓度对氧化还原反应速率的影响。
2. 加深理解电极电势和氧化还原反应之间的关系。
3. 加深理解浓度对电极电势的影响。
4. 了解介质对氧化还原反应的影响。
5. 学习原电池的制作及电动势的测定。

实验原理

1. 氧化还原反应与电极电势

氧化还原反应是电子从还原剂转移到氧化剂的过程。物质得失电子能力的大小，或者说氧化、还原性的强弱，可用其相应电对的电极电势的相对高低来衡量。一个电对的电极电势（还原电势）代数值越大，其氧化态物质的氧化性越强，而相应的还原态物质的还原性越弱，反之亦然。所以，通过比较电极电势，可以判断氧化还原反应进行的方向，即电极电势较大的电对中的氧化态物质氧化电极电势较小的电对中的还原态物质。

2. 介质对氧化还原反应的影响

介质的酸碱性对含氧酸盐的氧化性影响很大。例如，对于电极反应：

$$MnO_4^- + 8H^+ + 5e^- = Mn^{2+} + 4H_2O$$

$$\varphi(MnO_4^-/Mn^{2+}) = \varphi^{\ominus}(MnO_4^-/Mn^{2+}) + \frac{0.0592}{5}\lg\frac{C(MnO_4^-)C^8(H^+)}{C(Mn^{2+})}$$

从上面公式可见，当介质酸性提高，即溶液中 H^+ 浓度增大，将使电极电势增大，从而

使 MnO_4^- 的氧化性增强。

介质的酸碱性有时还会影响氧化还原反应的产物。例如，MnO_4^- 在酸性介质中被还原为 Mn^{2+}（浅红至无色）：

$$MnO_4^- + 8H^+ + 5e^- = Mn^{2+} + 4H_2O$$

在弱酸性、中性、弱碱性介质中被还原为 MnO_2（棕褐色）：

$$MnO_4^- + 2H_2O + 3e^- = MnO_2(s) + 4OH^-$$

在强碱性介质中被还原为 MnO_4^{2-}（绿色）：

$$MnO_4^- + e^- = MnO_4^{2-}$$

3. 中间价态化合物的氧化还原性

这类物质一般既可作氧化剂，又可作还原剂，其氧化还原性具有相对性。例如，过氧化氢（H_2O_2）常用作氧化剂而被还原为 H_2O（或 OH^-）：

$$H_2O_2 + 2H^+ + 2e^- = 2H_2O \qquad \varphi^\ominus = +1.77V$$

但当遇到强氧化剂如 $KMnO_4$（酸性介质中）时，则作为还原剂被氧化而放出氧气：

$$2H_2O_2 - 2e^- = O_2 + 2H^+ \qquad \varphi^\ominus = +0.682V$$

4. 电极电势

单独的电极电势是无法测量的，欲测定某电对的电极电势，可以将其与参比电极（电极电势已知，恒定的标准电极电势）组成原电池，测量两个电对组成的原电池的电动势（E）。根据定义 $E = \varphi^+ - \varphi^-$ 可以计算出待测电极的电极电势。如果实验目的是研究实验因素对电极电势的影响，可以通过测量原电池的电动势来分析各电对电极电势相对值的变化。

实验仪器用品和试剂

1. 实验仪器用品：试管、试管架、滴管、伏特计、铜电极、锌电极、盐桥（含饱和 KCl）、烧杯。

2. 试剂：H_2SO_4（3mol·L^{-1}）、$H_2C_2O_4$（0.1mol·L^{-1}）、HAc（6mol·L^{-1}）、NaOH（2mol·L^{-1}，6mol·L^{-1}）、$NH_3 \cdot H_2O$（6mol·L^{-1}）、$KMnO_4$（0.1mol·L^{-1}）、$CuSO_4$（1mol·L^{-1}）、$ZnSO_4$（1mol·L^{-1}）、KI（0.1mol·L^{-1}）、$FeCl_3$（0.1mol·L^{-1}）、KBr（0.1mol·L^{-1}）、KIO_3（0.1mol·L^{-1}）、Na_2SO_3（0.1mol·L^{-1}，新鲜配制）、NaCl（0.1mol·L^{-1}）、H_2O_2（3%）、0.1%淀粉溶液、NH_4F（s）。

实验内容

1. 温度、浓度对氧化还原反应速率的影响

（1）温度的影响　在 A、B 两支试管中各加入 1mL 0.01mol·L^{-1} $KMnO_4$ 溶液（自行稀释配制），再加几滴 3mol·L^{-1} H_2SO_4 溶液酸化；在 C、D 两支试管中各加入 1mL 0.1mol·L^{-1} $H_2C_2O_4$ 溶液。将 A、B 两支试管放入水浴中加热几分钟后取出，同时将 A 倒入 C 中、B 倒入 D 中。观察 C、D 试管中的溶液哪个先褪色？请解释。

（2）浓度的影响　在试管中加入 3 滴 0.1mol·L^{-1} $FeCl_3$，然后加入 0.1mol·L^{-1} KI，摇匀，加入 1 滴淀粉溶液，充分振荡，观察现象。然后再加入 NH_4F（s），充分振荡，观察现象。写出离子反应式。

2.电极电势与氧化还原反应的关系

(1) 在试管中加入3滴0.1mol·L^{-1}KI溶液，然后滴加0.1mol·$L^{-1}$$FeCl_3$溶液，摇匀，再加入1滴淀粉溶液，充分振荡，观察实验现象。写出离子反应式。

(2) 用0.1mol·L^{-1}KBr溶液代替KI溶液进行上述同样的实验，观察实验现象。写出离子反应式。

根据上述(1)、(2)的实验结果，定性比较Br_2/Br^-、I_2/I^-、Fe^{3+}/Fe^{2+}三个电对的电极电势，并指出其中最强的氧化剂和最强的还原剂各是什么。

(3) 在试管中加入3滴0.1mol·L^{-1}KI溶液，加入1滴3mol·$L^{-1}$$H_2SO_4$溶液酸化，然后加入$H_2O_2$(3%)溶液，摇匀，再加入1滴淀粉溶液，充分振荡，观察实验现象。写出离子反应式。

(4) 在试管中加入1滴0.01mol·$L^{-1}$$KMnO_4$溶液，加入2滴3mol·$L^{-1}$$H_2SO_4$溶液酸化，再加入$H_2O_2$(3%)溶液，观察反应现象并解释。

根据(3)、(4)的实验结果，指出H_2O_2在反应中各起什么作用。

3.介质对氧化还原反应的影响

(1) 在试管中加入5滴0.1mol·L^{-1}KI溶液和1～2滴0.1mol·$L^{-1}$$KIO_3$溶液，摇匀，观察有无变化。再加入几滴3mol·$L^{-1}$$H_2SO_4$溶液，观察实验现象。最后再逐滴加入2mol·$L^{-1}$NaOH溶液，观察变化情况并解释。

(2) 在三支试管中各加入1滴0.01mol·$L^{-1}$$KMnO_4$溶液，在第一支试管中加入2滴3mol·$L^{-1}$$H_2SO_4$溶液，在第二支试管中加入2滴去离子水，在第三支试管中加入2滴6mol·L^{-1}NaOH溶液，再分别向各试管中加入几滴0.1mol·$L^{-1}$$Na_2SO_3$溶液。观察反应现象并解释。

(3) 在两支试管中各加入5滴0.1mol·L^{-1}KBr溶液，然后分别加入3mol·L^{-1} H_2SO_4溶液和6mol·L^{-1}HAc溶液各5滴，最后再加入2滴0.01mol·$L^{-1}$$KMnO_4$溶液，观测并比较两支试管中颜色的变化情况，并解释(这个实验说明什么问题?)。

4.浓度对电极电势的影响

(1) 在两个小烧杯中分别加入10mL 1mol·L^{-1} $CuSO_4$溶液和10mL 1mol·L^{-1} $ZnSO_4$溶液，然后在$CuSO_4$溶液中置入铜电极，在$ZnSO_4$溶液中置入锌电极，用盐桥将它们连接，通过导线把铜电极接入伏特计的正极，把锌电极接入伏特计的负极，测定该铜锌原电池的电动势。

(2) 在$CuSO_4$溶液中滴加6mol·L^{-1}氨水并搅拌，至生成的沉淀完全溶解，测定原电池电动势。

(3) 在$ZnSO_4$溶液中滴加6mol·L^{-1}氨水并搅拌，至生成的沉淀完全溶解，测定原电池电动势。

比较并解释上述实验的结果。

课外拓展

原电池是利用氧化还原反应将化学能转变为电能的装置。早在1800年，伏特以锌为负极、银为正极，用盐水作电解质溶液，设计出了被称为伏打电堆的装置。假定当时的实验条件没有成熟的仪表来测定说明原电池发生了氧化还原反应，我们通过下述实验进行定性分析：取一滤纸片放在表面皿上，以 $0.1mol \cdot L^{-1}$ 的 NaCl 溶液润湿，再加入 1 滴酚酞。将 Cu-Zn 原电池两电极的导线铜丝用砂纸打磨抛光，分别将两极导线的铜丝同时与滤纸接触，间隔为 1～2mm。几分钟后，观察滤纸上导线接触点的颜色变化，并解释。

实验十四

锂、钠、钾、镁、钙、锶、钡

预习内容

1. 掌握碱金属、碱土金属的氢氧化物、重要盐类的性质及相关反应。
2. 掌握溶度积规则及相关计算；查出本实验中有关难溶盐的溶度积常数。
3. 书写预习报告，并按照指导教师的要求完成思考题。

思考题

1. 为什么 $BaCO_3$、$BaCrO_4$ 和 $BaSO_4$ 在 HAc 或 HCl 溶液中有不同的溶解情况？
2. 为什么说焰色反应是由金属离子而不是非金属离子引起的？
3. 如果用酒石酸（$H_2C_4H_4O_6$）代替酒石酸氢钠与 KCl 反应，应怎样进行实验？

实验目的

1. 比较元素周期表中 s 区金属的活泼性，了解使用碱金属的安全措施。
2. 了解碱金属的一些微溶盐的生成，比较碱土金属难溶盐的溶解度。
3. 观察焰色反应并掌握其实验方法。

实验原理

锂、钠、钾都是很活泼的金属，密度均小于水。锂与水反应平稳，而钠、钾与水反应剧烈。Li^+ 由于半径特别小，故许多锂盐是难溶的，如 Li_2CO_3、$Li_3PO_4 \cdot 5H_2O$、LiF、$LiKFeIO_6$（高碘酸铁钾锂）等。钠、钾的大多数盐类是可溶的，但与少数体积较大的阴离子也形成难溶盐，如六羟基合锑（Ⅴ）酸钠 $Na[Sb(OH)_6]$、醋酸铀酰锌钠 $NaZn(UO_2)_3(CH_3COO)_9 \cdot 6H_2O$、酒石酸氢钾 $KHC_4H_4O_6$、六亚硝酸合钴（Ⅲ）钠钾 $K_2Na[Co(NO_2)_6]$、三硫代硫酸根合铋（Ⅲ）酸钾 $K_3[Bi(S_2O_3)_3]$、四苯基合硼（Ⅲ）酸钾 $K[B(C_6H_5)_4]$、六氯合铂（Ⅳ）酸钾 $K_2[PtCl_6]$、高氯酸钾 $KClO_4$ 等。

铍、镁、钙、钡属于碱土金属，它们的硝酸盐、氯酸盐、高氯酸盐和醋酸盐等是易溶的，卤化物中除氟化物外也是易溶的，而碳酸盐、磷酸盐和草酸盐等都是难溶的。硫酸盐和铬酸盐的溶解度差别较大，$BaSO_4$ 和 $BaCrO_4$ 是其中溶解度最小的难溶盐，而 $MgSO_4$ 和 $MgCrO_4$ 等则易溶。但碱土金属的碳酸盐、磷酸盐、草酸盐和难溶铬酸盐等，均能溶于稀的强酸溶液中。因此要使这些难溶盐沉淀完全，应控制溶液为中性或微碱性。碱金属和碱土金属盐类的焰色反应特征颜色见表 1。

表1　碱金属和碱土金属盐类的焰色反应特征颜色

盐类	锂	钠	钾	钙	锶	钡
特征颜色	红	黄	紫	橙红	洋红	绿

在周期表中二、三周期的ⅠA～ⅣA族元素，左上方和右下方的两种元素性质十分相似，这种相似性称为对角线规则。锂和镁具有对角线相似性，它们的氟化物、碳酸盐、磷酸盐及氢氧化物均难溶于水，氢氧化物都是中强碱且易热分解为氧化物等。铍和铝也具有对角线相似性，它们都是两性金属，都能被浓硝酸钝化，它们的盐都会发生水解且高价阴离子的盐难溶等。

实验仪器用品和试剂

1. 实验仪器用品：镍铬丝、钴玻璃片、电动离心机、滤纸、烧杯、漏斗、试管、试管架、洗瓶、滴管、玻璃棒、酒精灯、试管夹、点滴板、pH试纸。

2. 试剂：HCl（$6mol \cdot L^{-1}$，$2mol \cdot L^{-1}$）、HAc（$2mol \cdot L^{-1}$）、$NH_3 \cdot H_2O$（$2mol \cdot L^{-1}$）、LiCl（$1mol \cdot L^{-1}$）、NaCl（$1mol \cdot L^{-1}$）、KCl（$1mol \cdot L^{-1}$）、NaF（$1mol \cdot L^{-1}$）、$MgCl_2$（$0.1mol \cdot L^{-1}$）、$CaCl_2$（$0.1mol \cdot L^{-1}$）、$BaCl_2$（$0.1mol \cdot L^{-1}$）、$SrCl_2$（$0.1mol \cdot L^{-1}$）、Na_3PO_4（$0.1mol \cdot L^{-1}$）、Na_2HPO_4（$0.1mol \cdot L^{-1}$）、Na_2CO_3（$0.1mol \cdot L^{-1}$）、$NaHC_4H_4O_6$（饱和）、$(NH_4)_2C_2O_4$（饱和）、K_2CrO_4（$0.1mol \cdot L^{-1}$）、$K[Sb(OH)_6]$（饱和）、无水乙醇、金属钠、金属钾、金属镁、金属钙。

实验内容

1. 钠、钾、镁、钙的性质

（1）分别取一小块金属钠和金属钾，用滤纸吸干表面煤油后放入两个盛有水的大烧杯中，用合适大小的漏斗盖好，观察现象，检验反应后溶液的酸碱性。写出反应方程式。

（2）取一小块金属钙，用滤纸吸干表面煤油，使其与冷水反应，观察现象，检验反应后溶液的酸碱性。写出反应方程式。

（3）取一小段金属镁条，用砂纸擦去表面氧化膜后，点燃，观察现象及产物的颜色；将产物转移到试管中，加2mL去离子水，立即用湿润的pH试纸检查逸出的气体，并检验溶液的酸碱性。写出反应方程式。

2. 钠与钾的微溶盐

（1）六羟基合锑（Ⅴ）酸钠$Na[Sb(OH)_6]$的生成　在试管中加入1mL $1mol \cdot L^{-1}$ NaCl溶液和1mL饱和$K[Sb(OH)_6]$溶液，放置数分钟，观察实验现象（如果没有明显现象，该怎么办?）。写出有关反应式。

注意：①反应必须在中性或弱碱性条件下进行，因为酸能使试剂$K[Sb(OH)_6]$分解生成白色偏锑酸（$HSbO_3$）沉淀；②钠离子浓度应足够大，并宜在低温下进行，因随温度升高，$Na[Sb(OH)_6]$溶解度增大较多；③碱金属之外的金属对反应有干扰，应事先除去。

（2）酒石酸氢钾（$KHC_4H_4O_6$）的生成　在试管中加入1mL $1mol \cdot L^{-1}$KCl溶液和1mL饱和酒石酸氢钠（$NaHC_4H_4O_6$）溶液，观察实验现象（如果没有明显现象，该怎么办?），写出反应式。

3. 镁、钙、钡的难溶盐

（1）镁、钙、钡的草酸盐　在三支离心管中分别加入 2 滴浓度均为 0.1mol·L^{-1} 的 $MgCl_2$、$CaCl_2$、$BaCl_2$ 溶液，然后逐滴加入饱和 $(NH_4)_2C_2O_4$ 溶液，观察实验现象。离心分离，弃去清液，沉淀分别与 2mol·L^{-1} HAc、HCl 反应，观察实验现象并写出有关反应式。

（2）钙、锶、钡的铬酸盐　在三支离心管中分别加入 5 滴浓度均为 0.1mol·L^{-1} 的 $CaCl_2$、$SrCl_2$、$BaCl_2$ 溶液，然后逐滴加入 5 滴 0.1mol·L^{-1} K_2CrO_4 溶液，观察实验现象。将离心管进行离心分离，弃去清液，沉淀分别与 2mol·L^{-1} HAc、HCl 反应，观察实验现象并写出有关反应式。

（3）镁、钙、钡的碳酸盐　分别用浓度均为 0.1mol·L^{-1} 的 $MgCl_2$、$CaCl_2$、$BaCl_2$ 溶液与 0.1mol·L^{-1} Na_2CO_3 溶液反应，然后离心分离，弃去清液，沉淀分别与 2mol·L^{-1} HAc、HCl 反应，观察实验现象，写出反应式。

4. 其他难溶的镁盐

（1）取少量 0.1mol·L^{-1} $MgCl_2$ 溶液，分别加入 0.1mol·L^{-1} 的 NaF、Na_3PO_4、Na_2CO_3 溶液反应（自行稀释配制），观察现象，写出反应式。

（2）磷酸镁铵的生成　在试管中加入 5 滴 0.1mol·L^{-1} $MgCl_2$，再加 2 滴 2mol·L^{-1} HCl 溶液和 3 滴 0.1mol·L^{-1} Na_2HPO_4 溶液，再滴加 2mol·L^{-1} $NH_3·H_2O$，观察实验现象，写出反应式。

5. 焰色反应

在一支小试管中装入 2mL 6mol·L^{-1} HCl，将一根带环的镍铬丝反复蘸取 HCl 溶液后在酒精灯氧化焰中烧至近于无色。在点滴板上分别滴入 2 滴 1mol·L^{-1} 的 LiCl、NaCl、KCl、$CaCl_2$、$SrCl_2$、$BaCl_2$ 溶液，用洁净的镍铬丝分别蘸取溶液后在氧化焰中灼烧，分别观察火焰颜色。观察钾离子的焰色，须通过蓝色钴玻璃片进行。记录各离子的焰色（**注意：在更换一种溶液前，应将镍铬丝用水冲洗，甩干水后蘸取 HCl 在氧化焰中灼烧至近无色后方可使用**）。

课外拓展

认识并掌握物质的性质是我们解决实际问题的重要基础，现有 5 种失去标签的溶液，分别为 NaOH、NaCl、$MgSO_4$、K_2CO_3、Na_2CO_3，试选用合适的试剂加以鉴别。

实验十五

碳、硅、硼、氮、磷

预习要求

1. 学习有关碳、硅、硼、氮、磷等元素及其化合物的性质。
2. 对本节“实验内容”中所述“……的性质”进行具体化说明。

3. 书写预习报告，并按照指导教师的要求完成思考题。

思考题

1. 用奈斯勒（Nessler）试剂鉴定 NH_4^+ 时，为什么加 NaOH 使 NH_3 逸出？若将试剂直接加入含有 NH_4^+ 的溶液中有什么不利之处？

2. 硝酸与金属或非金属反应时，主要的还原产物分别是什么？

3. Na_2CO_3 与 $CaCl_2$、$CuSO_4$、$Al_2(SO_4)_3$ 的反应产物是什么，如何证明产物的成分？由此总结碳酸盐水解的一般规律。

4. 试用最简单的方法鉴别下列固体物质：Na_2CO_3、$NaHCO_3$、Na_2SO_4、$NaNO_3$。

实验目的

1. 了解活性炭、碳酸盐的性质。
2. 了解硅酸凝胶的生成，硼酸的性质。
3. 掌握硝酸、亚硝酸及其盐的性质，铵盐的性质及检测方法。
4. 了解磷酸盐的性质。
5. 学会 NH_4^+、NO_3^-、NO_2^- 和 PO_4^{3-} 等离子的鉴定方法。

实验原理

碳有三种同素异形体：金刚石、石墨、球形碳（碳原子簇）。平常所说的无定形碳，如木炭、焦炭、炭黑等实际上都具有石墨结构（微晶石墨），并不是真正的无定形。用特殊方法制备的多孔性炭黑有较大的吸附能力，称为活性炭。

铵和碱金属（Li 除外）的碳酸盐易溶于水，其他金属的碳酸盐难溶于水。对于难溶的碳酸盐来说，相应的碳酸氢盐有较大的溶解度。但易溶碳酸盐相应的碳酸氢盐却有相对较低的溶解度。碱金属的碳酸盐和碳酸氢盐在水溶液中均因水解而分别显强碱性和弱碱性：

$$CO_3^{2-} + H_2O \Longrightarrow HCO_3^- + OH^-$$

$$HCO_3^- + H_2O \Longrightarrow H_2CO_3 + OH^-$$

热不稳定性是碳酸盐的重要性质。一般情况下，热稳定性顺序是：

碳酸盐>碳酸氢盐>碳酸

碱金属碳酸盐>碱土金属碳酸盐>副族元素碳酸盐

同族中　　　　阳离子半径大的碳酸盐>阳离子半径小的碳酸盐

水玻璃是多偏硅酸钠的混合物，常用化学式 $Na_2O \cdot nSiO_2$ 表示其组成。式中的 n 表示组成中 Na_2O 和 SiO_2 的摩尔比，称为水玻璃的模数。将水玻璃用适量酸活化，得到活化硅酸。在活化硅酸中加入一定量的金属离子（如 Zn^{2+}、Al^{3+}、Fe^{3+} 等）并控制适宜的 pH 值，可得到具有良好净水效果的絮凝剂。

硝酸是强酸，也是强氧化剂。硝酸与非金属反应时，常被还原为 NO；硝酸与金属反应时，被还原的产物则取决于硝酸的浓度和金属的活泼性。浓硝酸一般被还原为 NO_2。稀硝酸通常被还原为 NO，当稀硝酸与较活泼的金属如 Fe、Zn、Mg 等反应时，主要被还原为 N_2O；若硝酸很稀，则主要还原为 NH_3，后者与未反应的酸作用而生成铵盐。

硝酸盐的热稳定性较差，加热容易放出氧，和可燃物质混合，极易燃烧而发生爆炸。

亚硝酸是一种弱酸，极不稳定，易分解，仅存在于冷的稀溶液中，可通过亚硝酸盐与稀酸的相互作用而制得：

$$NO_2^- + 2H^+ = 2HNO_2$$

$$2HNO_2 = H_2O + N_2O_3(\text{浅蓝色})$$

$$N_2O_3 = H_2O + NO + NO_2$$

亚硝酸盐在溶液中稳定，是极毒、致癌的物质。亚硝酸（酸化的亚硝酸盐）具有氧化性，一般被还原为NO；但遇强氧化剂，亦可呈还原性，被氧化为硝酸（硝酸盐）。

NO_3^- 可用棕色环法鉴定。在浓硫酸条件下，有如下反应：

$$3Fe^{2+} + NO_3^- + 4H^+ = 3Fe^{3+} + 2H_2O + NO$$

$$NO + FeSO_4 = [Fe(NO)]SO_4(\text{棕色})$$

NO_2^- 也能产生同样的反应，因此当有 NO_2^- 存在时，须先将 NO_2^- 除去。除去的方法可与 NH_4Cl 一起加热，反应如下：

$$NH_4^+ + NO_2^- = N_2\uparrow + 2H_2O$$

也可在酸性条件下加尿素发生下列反应：

$$2NO_2^- + 2H^+ + CO(NH_2)_2 = 2N_2 + CO_2 + 3H_2O$$

在HAc条件下，只有 NO_2^- 能发生棕色反应，这点可用于 NO_2^- 的鉴定：

$$NO_2^- + 2Fe^{2+} + 2HAc = Fe(NO)^{2+} + Fe^{3+} + 2Ac^- + H_2O$$

氨和铵盐是氮以−3价态存在的重要化合物，在实验室和生产上都有重要应用。鉴定 NH_4^+ 常用以下两种方法：①NH_4^+ 与过量的NaOH反应生成 NH_3（g），使红色石蕊试纸变蓝。②NH_4^+ 与奈斯勒试剂（K_2HgI_4 的碱性溶液）反应生成红棕色沉淀：

$$NH_4^+ + 2[HgI_4]^{2-}\ 4OH^- = \left[O\begin{matrix} Hg \\ \\ Hg \end{matrix} NH_2 \right] I(s) + 7I^- + 3H_2O$$

磷酸是一个中强三元酸，可以生成三种类型的盐。磷酸盐和磷酸一氢盐中，只有碱金属（锂除外）和铵的盐易溶于水，其他磷酸盐（磷酸一氢盐）都难溶。大多数磷酸二氢盐易溶于水。

PO_4^{3-} 能与钼酸铵反应，生成黄色难溶的磷钼酸铵晶体，这点可用于 PO_4^{3-} 的鉴定。其反应式如下：

$$PO_4^{3-} + 3NH_4^+ + 12MoO_4^{2-} + 24H^+ = (NH_4)_3PO_4 \cdot 12MoO_3 \cdot 6H_2O\downarrow + 6H_2O$$

应当指出，偏磷酸根（PO_3^-）、焦磷酸根（$P_2O_7^{4-}$）也有上述反应。因此本方法只在不区别 PO_3^-、$P_2O_7^{4-}$ 和 PO_4^{3-} 时才能使用。而要区别 PO_3^-、$P_2O_7^{4-}$ 和 PO_4^{3-}，可先加入 $AgNO_3$，产生黄色沉淀的是 PO_4^{3-}，产生白色沉淀的是 PO_3^-、$P_2O_7^{4-}$；后两者的区别，可先加入HAc酸化，再加入蛋白溶液，产生蛋白凝聚现象的是 PO_3^-，$P_2O_7^{4-}$ 无此反应。此外，试液中含有 SO_3^{2-}、$S_2O_3^{2-}$、S^{2-} 等还原性离子或大量 Cl^- 时，鉴定反应有干扰。则应先加入数滴浓 HNO_3 煮沸，以消除干扰。

实验仪器用品和试剂

1.实验仪器用品：试管、试管架、试管夹、酒精灯、点滴板、玻璃棒、滴管、离心管、表面皿、pH试纸、滤纸条、电动离心机。

2. 试剂：H_2SO_4（3mol·L^{-1}）、HCl（6mol·L^{-1}，2mol·L^{-1}）、HNO_3（2mol·L^{-1}）、HAc（6mol·L^{-1}）、NaOH（6mol·L^{-1}）、$NH_3 \cdot H_2O$（2mol·L^{-1}）、$CaCl_2$（0.1mol·L^{-1}）、NH_4Cl（0.1mol·L^{-1}）、KI（0.1mol·L^{-1}）、Na_2CO_3（0.1mol·L^{-1}，1mol·L^{-1}）、$NaHCO_3$（0.1mol·L^{-1}）、$(NH_4)_2CO_3$（0.1mol·L^{-1}）、$NaNO_2$（0.5mol·L^{-1}）、Na_3PO_4（0.1mol·L^{-1}）、Na_2HPO_4（0.1mol·L^{-1}）、NaH_2PO_4（0.1mol·L^{-1}）、$KMnO_4$（0.1mol·L^{-1}）、$(NH_4)_2MoO_4$（饱和）、KNO_3（0.1mol·L^{-1}）、$AgNO_3$（0.1mol·L^{-1}）、$CuSO_4$（0.1mol·L^{-1}）、$Al_2(SO_4)_3$（0.1mol·L^{-1}）、$Na_4P_2O_7$（0.1mol·L^{-1}）、NH_4Cl（饱和）、Na_2SiO_3（20%）、活性炭、$FeSO_4 \cdot 7H_2O$（s）、铜片、锌片、NH_4Cl（s）、硼酸（s）、甘油、乙醇、品红溶液。

实验内容

1. 活性炭的性质

取1mL品红溶液、2mL H_2O于离心管中混匀，倒出约1mL于另一试管中，然后在离心管中加入一小匙活性炭，充分振荡离心管，用离心机分离，观察实验现象，与未加活性炭的溶液对比，加以解释。

2. 碳酸盐的性质

（1）用pH试纸分别测定浓度为0.1mol·L^{-1}的Na_2CO_3、$NaHCO_3$、$(NH_4)_2CO_3$溶液的pH值，并与理论值进行比较。

（2）分别在三支试管中加入3滴0.1mol·L^{-1} $CaCl_2$溶液、0.1mol·L^{-1} $CuSO_4$溶液、0.1mol·L^{-1} $Al_2(SO_4)_3$溶液，然后再加入1mol·L^{-1} Na_2CO_3溶液，仔细观察反应现象和产物的颜色。写出离子反应式。

3. 硅酸凝胶的形成

于两支试管中各加入5滴20% Na_2SiO_3溶液，分别进行下列实验。

（1）滴加2mol·L^{-1} HCl至弱酸性（如果现象不明显，该怎么办?）。

（2）滴加饱和NH_4Cl溶液，观察硅酸凝胶的形成。

4. 硼酸的性质

取少量的硼酸晶体溶于2mL去离子水中，微热使固体溶解，冷却至室温后用pH试纸测其pH值，然后在溶液中滴加1滴甲基橙，并将溶液分成两份，在一份溶液中滴加10滴甘油，混合均匀，测其pH值，比较两份溶液的颜色，写出离子反应式。

5. 铵盐的性质及NH_4^+的鉴定

（1）铵盐的性质　在一支干燥的试管中加入约0.5g NH_4Cl（s），用试管夹夹好，管口上横放湿润的pH试纸，均匀加热试管底部，观察试纸的颜色变化。同时观察试管壁有何现象，请解释。

（2）NH_4^+的鉴定（气室法）　将2～3滴0.1mol·L^{-1} NH_4Cl溶液滴于一表面皿中心，在另一表面皿中心放置湿润的pH试纸和滴有2滴奈斯勒试剂的滤纸条（**注意：两片滤纸条不要接触**），然后在铵盐溶液中滴加2滴6mol·L^{-1} NaOH，将后将一表面皿盖在铵盐的表面皿上形成“气室”，将气室置于水浴上微热，观察pH试纸和奈斯勒试纸的颜色变化。写出有关反应式。

注意：在实际鉴定 NH_4^+ 时，取其中一种试纸即可。

6.硝酸和硝酸盐的性质

（1）在两支试管中各放入一片锌片，再分别加入 2mL 浓 HNO_3 和 2mL $2mol \cdot L^{-1}$ HNO_3 溶液，观察两支试管中的反应产物和反应速度有何不同？分别写出所发生反应的方程式。设计一个操作程序，验证稀硝酸与锌反应产物中有 NH_4^+ 存在。

（2）用铜片代替锌片分别与浓 NHO_3 和 $2mol \cdot L^{-1}$ HNO_3 反应，观察和记录实验结果，比较活泼金属和不活泼金属与稀 NHO_3 反应产物的差异。

（3）NO_3^- 的鉴别　在试管中加入 5 滴 $0.1mol \cdot L^{-1}$ KNO_3，用 1mL 水稀释，加入少量 $FeSO_4 \cdot 7H_2O$ 晶体，振荡溶解后，斜持试管，沿管壁小心滴入 20～25 滴浓 H_2SO_4（**注意不要摇动试管**），静置片刻，观察在两种液体的界面处出现的棕色环。写出有关反应式（如试液中有 NO_2^-，应先加入尿素、酸化，除去 NO_2^- 后再进行检验）。

7.亚硝酸和亚硝酸盐的性质

（1）在试管中加入 3 滴 $0.1mol \cdot L^{-1}$ KI 溶液，滴加几滴 $0.5mol \cdot L^{-1}$ $NaNO_2$ 溶液，观察实验现象。然后滴加几滴 $3mol \cdot L^{-1}$ H_2SO_4 酸化，再观察有何现象。微热试管，观察有何变化？写出反应式。

（2）在试管中加入 1 滴 $0.01mol \cdot L^{-1}$ $KMnO_4$ 溶液（自行稀释配制），滴加几滴 $0.5mol \cdot L^{-1}$ $NaNO_2$ 溶液，观察实验现象。然后再滴加几滴 $3mol \cdot L^{-1}$ H_2SO_4 酸化，再观察现象，写出相关反应式。

（3）NO_2^- 鉴别　取 2 滴 $0.5mol \cdot L^{-1}$ $NaNO_2$ 溶液于试管中，加入 1mL 去离子水和少量 $FeSO_4 \cdot 7H_2O$ 晶体，振荡溶解后，加入几滴 $6mol \cdot L^{-1}$ HAc 酸化，有棕色溶液生成表示有 NO_2^- 存在。

8.磷酸盐的性质

（1）用 pH 试纸分别测定浓度同为 $0.1mol \cdot L^{-1}$ 的下列溶液的 pH 值：Na_3PO_4、Na_2HPO_4、NaH_2PO_4，并与理论值进行比较。

（2）在三支试管中各加入 5 滴 $0.1mol \cdot L^{-1}$ $CaCl_2$ 溶液，然后分别加入等量的、浓度同为 $0.1mol \cdot L^{-1}$ 的 Na_3PO_4、Na_2HPO_4、NaH_2PO_4 溶液，观察三支试管中出现沉淀的情况。然后在无沉淀的试管中滴加 $2mol \cdot L^{-1}$ $NH_3 \cdot H_2O$，在有沉淀的试管中滴加 $2mol \cdot L^{-1}$ HCl，观察现象，并写出反应式。

（3）在试管中滴加 5 滴 $0.1mol \cdot L^{-1}$ $CuSO_4$ 溶液，逐滴加入 $0.1mol \cdot L^{-1}$ $Na_4P_2O_7$ 溶液，观察实验现象。继续滴加 $Na_4P_2O_7$ 溶液，观察实验现象，写出离子反应式。

（4）PO_4^{3-} 的鉴别　在试管中滴加 3 滴 $0.1mol \cdot L^{-1}$ Na_3PO_4 溶液，加入 10 滴 $2mol \cdot L^{-1}$ HNO_3，再加入 10 滴 $(NH_4)_2MoO_4$ 饱和溶液，混匀，微热，观察实验现象。写出有关反应式。

课外拓展

由于大多数硅酸盐难溶于水，固体金属盐与硅酸钠的反应过程进行得较缓慢，并且由于大多数金属盐具有颜色，因此生成的金属硅酸盐也呈现出不同的颜色，该化学反应有一个很好听的名称“水中花园”，让我们一起来看看“水中花园”的景色吧。

在 100mL 的小烧杯中加入约 40mL 20%的硅酸钠溶液，然后把氯化钙、氯化钴、硫酸铜、硫酸镍、硫酸锌、硫酸锰、硫酸亚铁和三氯化铁固体各一小粒投入杯中（**注意各固体之间保持一定的间隔**），放置一段时间后观察有何现象发生，写出相应的反应方程式。

实验十六

锡、铅、锑、铋

预习要求

1. 学习有关锡、铅、锑、铋的单质及其化合物的性质和相关反应。
2. 查阅本书中 $SnCl_2$、$SbCl_3$ 溶液的配制方法和原理。
3. 查阅本书中锡、铅、锑、铋卤化物、硫化物的颜色及溶解性。
4. 书写预习报告，并按照指导教师的要求完成思考题。

思考题

1. 在操作第一个实验内容制备氢氧化物时，应该注意哪些问题？验证 $Pb(OH)_2$ 的碱性时，应该用什么酸？为什么？
2. 通常用于鉴别 Sn^{2+}、Pb^{2+}、Sb^{3+} 和 Bi^{3+} 的实验方法是什么？
3. 设计简单的方法鉴别下列各组物质：

①$BaSO_4$ 和 $PbSO_4$；②$SnCl_2$ 和 $SnCl_4$。

实验目的

1. 了解锡、铅、锑、铋氢氧化物的酸碱性以及它们盐类的水解性。
2. 了解锡、铅、锑、铋不同氧化态的氧化还原性。
3. 了解锡、铅、锑、铋硫化物及难溶盐的生成和溶解性。
4. 了解锡、铅、锑、铋的离子鉴定法。

实验原理

锡、铅是ⅣA 族元素。它们的原子价电子层构型为 ns^2np^2。它们都能形成+2 价和+4 价的化合物。+2 价锡有强还原性；而+4 价铅有强氧化性。

锡和铅的氢氧化物都呈现两性，+2 价态的氢氧化物在过量的碱中分别形成可溶性的 $[Sn(OH)_4]^{2-}$ 和 $[Pb(OH)_3]^-$。锡和铅都能生成有色硫化物：SnS 棕色，SnS_2 黄色，PbS 黑色。它们都不溶于水和稀酸，SnS、PbS 可溶于浓酸。高价态的 SnS_2 有成酸性质，可在 $(NH_4)_2S$ 或 Na_2S 溶液中因生成硫代酸盐而溶解；基于这一点，SnS 可溶于多硫化钠溶液中生成硫代锡酸钠。

铅的许多化合物都是难溶的。铅离子能生成难溶的黄色 $PbCrO_4$ 沉淀，这个反应可用于鉴定 Pb^{2+}。

Sn（Ⅱ）有较强的还原性，在碱性溶液中 $[Sn(OH)_4]^{2-}$ 能把 $Bi(OH)_3$ 还原为黑色的铋：

$$2Bi(OH)_3+3[Sn(OH)_4]^{2-} \longrightarrow 2Bi+3[Sn(OH)_6]^{2-}$$

这一反应常用来鉴定 Bi^{3+} 的存在。在酸性溶液中，Sn^{2+} 则可将 Fe^{3+} 还原：

$$2Fe^{3+}+Sn^{2+} \longrightarrow 2Fe^{2+}+Sn^{4+}$$

而 $SnCl_2$ 能将 $HgCl_2$ 还原成白色的氯化亚汞 Hg_2Cl_2 沉淀，过量的 $SnCl_2$ 则进一步将 Hg_2Cl_2 还原为黑色的单质汞：

$$2HgCl_2+Sn^{2+}+4Cl^- \longrightarrow Hg_2Cl_2(s)+SnCl_6^{2-}$$

$$Hg_2Cl_2+Sn^{2+}+4Cl^- \longrightarrow 2Hg\ (黑)+SnCl_6^{2-}$$

上述反应可用来鉴定溶液中的 Sn^{2+}，也可用于鉴定 Hg（Ⅱ）盐。

Pb（Ⅱ）的还原性比 Sn（Ⅱ）差，Pb（Ⅳ）的氧化性很强。要将 Pb（Ⅱ）的化合物氧化为 Pb（Ⅳ）的化合物，须在碱性条件下用较强的氧化剂才能实现：

$$Pb(OH)_2+NaClO \longrightarrow PbO_2+NaCl+H_2O$$

PbO_2 是常用的强氧化剂，在酸性介质中可把 Cl^- 氧化为 Cl_2，把 Mn^{2+} 氧化为紫红色的 MnO_4^-：

$$PbO_2+4HCl(浓) \longrightarrow PbCl_2+Cl_2+2H_2O$$

$$2Mn^{2+}+5PbO_2+4H^+ \longrightarrow 2MnO_4^-+5Pb^{2+}+2H_2O$$

锑、铋是ⅤA族元素。它们原子的价电子层构型为 ns^2np^3。它们都能形成+3价和+5价的化合物。+3价锑的氧化物和氢氧化物显两性，而+3价铋的氧化物和氢氧化物只显碱性。+3价锑有一定的还原性，而+3价铋的还原性很弱，需用强氧化剂在碱性介质中才能氧化成+5价态：

$$Bi_2O_3+2Na_2O_2 \longrightarrow 2NaBiO_3+Na_2O$$

+5价铋显强氧化性，在酸性介质中可把 Mn^{2+} 氧化为紫红色的 MnO_4^-：

$$5NaBiO_3+2Mn^{2+}+14H^+ \longrightarrow 2MnO_4^-+5Bi^{3+}+5Na^++7H_2O$$

这个反应常用作溶液中 Mn^{2+} 存在的定性鉴别。

锑和铋都能生成不溶于稀酸的有色硫化物：Sb_2S_3 和 Sb_2S_5 为橙色，Bi_2S_3 为黑色。锑的硫化物具有成酸性质，能溶于 $(NH_4)_2S$ 或 Na_2S 溶液中生成硫代酸盐，而铋的硫化物则不溶。

Sb^{3+} 和 SbO_4^{3-} 在锡片上可以还原为金属锑，使锡片呈现黑色。利用这个反应可以鉴定 Sb^{3+} 和 SbO_4^{3-}（**注：Bi^{3+} 虽可发生类似反应，但要很长时间才行**）：

$$2Sb^{3+}+3Sn \longrightarrow 2Sb\downarrow+3Sn^{2+}$$

Sn（Ⅱ）、Sb（Ⅲ）、Bi（Ⅲ）的盐易发生水解：

$$SnCl_2+H_2O \longrightarrow Sn(OH)Cl(白,s)+HCl$$

$$SbCl_3+H_2O \longrightarrow SbOCl(白,s)+2HCl$$

$$BiCl_3+H_2O \longrightarrow BiOCl(白,s)+2HCl$$

因此，在配制它们的溶液时，应将其盐先溶于含相同阴离子的中等浓度的强酸中，然后再用水稀释至所需的浓度。这样可以抑制水解，得到澄清的溶液。对于易被空气氧化的 Sn^{2+} 溶液，还需加入金属锡粒予以保护。

实验仪器用品和试剂

1. 实验仪器用品：试管、试管架、洗瓶、滴管、点滴板、离心管、电动离心机。

2. 试剂：HCl（浓，6mol·L^{-1}，2mol·L^{-1}）、H_2SO_4（3mol·L^{-1}）、HNO_3（6mol·L^{-1}，2mol·L^{-1}）、NaOH（6mol·L^{-1}，2mol·L^{-1}新配）、Na_2S（0.5mol·L^{-1}，0.1mol·L^{-1}）、Na_2S_2（0.5mol·L^{-1}）、KI（0.1mol·L^{-1}，2mol·L^{-1}）、K_2CrO_4（0.1mol·L^{-1}）、$KMnO_4$（0.1mol·L^{-1}）、Fe（NO_3）$_3$（0.1mol·L^{-1}）、$FeCl_3$（0.1mol·L^{-1}）、$MnSO_4$（0.1mol·L^{-1}）、Pb（NO_3）$_2$（0.1mol·L^{-1}）、$SnCl_2$（0.1mol·L^{-1}）、$SbCl_3$（0.1mol·L^{-1}）、$BiCl_3$（0.1mol·L^{-1}）、$HgCl_2$（0.1mol·L^{-1}）、锡片、$NaBiO_3$（s）、NaAc（s）、$SnCl_2·2H_2O$（s）。

实验内容

1. Sn（Ⅱ）、Pb（Ⅱ）、Sb（Ⅲ）、Bi（Ⅲ）氢氧化物的生成和性质

（1）采用0.1mol·L^{-1}的$SnCl_2$、Pb（NO_3）$_2$、$SbCl_3$、$BiCl_3$溶液和新配制的2mol·L^{-1}NaOH溶液为原料，制取少量Sn（OH）$_2$、Pb（OH）$_2$、Sb（OH）$_3$、Bi（OH）$_3$，观察实验现象，写出离子反应式。

（2）选择合适的试剂分别试验其酸碱性。

2. Sn（Ⅱ）、Sb（Ⅲ）和Bi（Ⅲ）盐的性质

（1）取少量$SnCl_2·2H_2O$（s）于试管中，加少量去离子水进行溶解，观察现象。若再滴加6mol·L^{-1}HCl溶液，观察实验现象并写出有关反应式。

（2）分别取$SbCl_3$、$BiCl_3$的澄清溶液各10滴于试管中，加水进行稀释，观察现象。若再滴加6mol·L^{-1}HCl溶液，观察实验现象并写出有关反应式。

3. Sn（Ⅱ）、Pb（Ⅱ）、Sb（Ⅲ）、Bi（Ⅲ）的性质

（1）自行编写一个操作程序，分别试验$SnCl_2$与$FeCl_3$、Pb（NO_3）$_2$与Fe（NO_3）$_3$溶液的反应，记录实验现象并写出反应式，比较Sn（Ⅱ）与Pb（Ⅱ）的还原能力强弱。

（2）在白色点滴板中加入2滴0.1mol·$L^{-1}$$HgCl_2$，然后逐滴加入0.1mol·$L^{-1}$$SnCl_2$溶液，观察现象。继续滴加$SnCl_2$过量，观察实验现象并写出反应式。

（3）在试管中加入2滴0.1mol·$L^{-1}$$KMnO_4$溶液和1mL 3mol·$L^{-1}$$H_2SO_4$溶液，然后加入5滴0.1mol·$L^{-1}$$SbCl_3$溶液，观察实验现象，写出反应式。

（4）用$BiCl_3$代替$SbCl_3$重复上述实验，观察现象并比较Sb（Ⅲ）与Bi（Ⅲ）的还原能力强弱。

4. Bi（Ⅴ）的性质

在离心管中加入2滴0.1mol·$L^{-1}$$MnSO_4$溶液和1mL 6mol·$L^{-1}$$HNO_3$，再加入少量$NaBiO_3$（s），离心分离，观察实验现象并写出反应式。

5. Sn（Ⅱ）、Pb（Ⅱ）、Sb（Ⅲ）、Bi（Ⅲ）的硫化物

（1）在四支离心管中分别加入10滴浓度均为0.1mol·L^{-1}的$SnCl_2$、Pb（NO_3）$_2$、$SbCl_3$、$BiCl_3$溶液，然后分别加入10滴0.1mol·$L^{-1}$$Na_2S$溶液，观察实验现象并写出反应式。

（2）设计操作程序，试验SnS、PbS、Sb_2S_3、Bi_2S_3分别在稀HCl（6mol·L^{-1}）、浓HCl、热稀HNO_3（2mol·L^{-1}）、Na_2S（0.5mol·L^{-1}）、Na_2S_2（0.5mol·L^{-1}）溶液中的溶解，写出相关反应方程式。

注意：离心管不能加热。

6. 铅的难溶盐

(1) 制取少量的 $PbCl_2$ 沉淀，观察其颜色，并分别试验其在热水和浓 HCl 中的溶解情况，写出离子反应式。

(2) 制取少量的 $PbCrO_4$ 沉淀，观察其颜色，并分别试验其在 $2mol \cdot L^{-1} HNO_3$ 和 $6mol \cdot L^{-1}$ NaOH 溶液中的溶解情况，写出离子反应式。

(3) 制取少量的 PbI_2 沉淀，观察其颜色，并试验其在 $2mol \cdot L^{-1}$ KI 溶液中的溶解情况，写出离子反应式。

(4) 制取少量的 $PbSO_4$ 沉淀，观察其颜色，加入少量 NaAc 固体，微热，观察实验现象，写出离子反应式。

注意：在沉淀的制备过程中，应充分考虑沉淀物质与沉淀剂之间是否发生配位溶解，从而合理地选择沉淀剂的浓度

7. Sb^{3+} 和 Bi^{3+} 的鉴定

(1) 在一小片光亮的锡片上滴加 1 滴 $0.1mol \cdot L^{-1} SbCl_3$ 溶液，观察锡片上出现的现象。写出离子反应式。

(2) 在点滴板中加入 1 滴 $0.1mol \cdot L^{-1} SnCl_2$ 溶液，再滴加 $6mol \cdot L^{-1}$ NaOH 溶液至生成的沉淀完全溶解，然后加入 2 滴 $0.1mol \cdot L^{-1} BiCl_3$ 溶液，观察实验现象。写出有关反应式。

注意事项

锡、铅、锑、铋的化合物均有毒性，因此使用时必须注意切勿进入口、眼、鼻中。实验中的废液应集中回收处理。

结果分析

课外拓展

根据上述你所掌握的实验结论，试进行下列实验设计。要求列出实验程序，试剂浓度和用量，预期实验现象和结论。

(1) 混合溶液中 Sn^{2+} 和 Pb^{2+} 的分离与鉴定。

(2) 混合溶液中 Sb^{3+} 和 Bi^{3+} 的分离与鉴定。

实验十七

氧、硫、氯、溴、碘

预习要求

1. 学习有关氧族、卤素的性质及反应。

2. 学习有关离子的鉴定方法。

3. 书写预习报告，并按照指导教师的要求完成思考题。

思考题

1. 金属硫化物的溶解情况可以分为几类？
2. NaClO 与 KI 反应时，若溶液的 pH 值过高会有什么结果？
3. 如何鉴别 HCl、SO_2 和 H_2S 三种气体？

实验目的

1. 了解过氧化物、硫的含氧酸盐、负二价硫离子的反应及性质。
2. 了解卤素的氧化性和卤素离子的还原性。
3. 了解卤素各种含氧酸盐的氧化性。

实验原理

氧和硫是周期表中 p 区ⅥA 族元素，价电子构型分别为 $2s^2 2p^4$ 和 $3s^2 3p^4$。氧的常见氧化数有－2、－1，硫的常见氧化数有－2、＋4、＋6。

过氧化氢是氧的重要化合物。在酸性介质中，它与 KI、$KMnO_4$ 的反应如下：

$$H_2O_2 + 2KI + H_2SO_4 = K_2SO_4 + I_2 + 2H_2O$$

$$5H_2O_2 + 2KMnO_4 + 3H_2SO_4 = 2MnSO_4 + 5O_2 + K_2SO_4 + 8H_2O$$

在前一反应中，H_2O_2 用作氧化剂；在后一反应中，H_2O_2 用作还原剂。

H_2O_2 的存在可做如下鉴定：在含 $Cr_2O_7^{2-}$ 的溶液中加入 H_2O_2 和戊醇，有蓝色的过氧化物 CrO_5 生成。利用这一性质可以鉴定 H_2O_2、Cr(Ⅲ) 和 Cr(Ⅵ)，主要反应为：

$$Cr_2O_7^{2-} + 4H_2O_2 + 2H^+ = 2CrO_5 + 5H_2O$$

过氧化物 CrO_5 不稳定，放置或摇动时便分解。在乙醚或戊醇中则有一定稳定性并呈现特征的蓝色。在水相中 CrO_5 会进一步与 H_2O_2 反应而使蓝色消失：

$$2CrO_5 + 3H_2O_2 + 3H_2SO_4 = Cr_2(SO_4)_3 + 5O_2 + 6H_2O$$

在酸性介质中 CrO_5 也可按下式分解：

$$4CrO_5 + 12H^+ = 4Cr^{3+} + 7O_2 + 6H_2O$$

金属硫化物中只有碱金属硫化物和 BaS 易溶于水（硫化铵也易溶），其他碱土金属硫化物微溶于水（BeS 难溶）。除此之外，大多数金属硫化物难溶于水，有些还难溶于酸。许多金属硫化物都具有特征的颜色，这点常用于它们的鉴别。水溶液中的 S^{2-} 有很强的还原性，它与稀酸反应产生 H_2S 气体。H_2S 有腐蛋臭味，能使 $Pb(Ac)_2$ 试纸变黑（由于生成 PbS），据此可判断 H_2S 的生成。在弱碱性条件下，S^{2-} 能与五氰亚硝酰合铁（Ⅲ）酸钠 $Na_2[Fe(CN)_5NO]$ 反应生成红紫色配合物，这个特征反应常用于鉴定 S^{2-} 的存在：

$$S^{2-} + [Fe(CN)_5NO]^{2-} = [Fe(CN)_5NOS]^{4-}$$

可溶性硫化物和硫作用可以形成多硫化物，例如：

$$Na_2S + (x-1)S = Na_2S_x$$

多硫化物在酸性介质中生成多硫化氢。多硫化氢不稳定，极易分解为 H_2S 和 S。

SO_2 溶于水生成亚硫酸。H_2SO_3 及其盐常用作还原剂，但遇强还原剂时也能起氧化剂的作用。例如：

$$Na_2SO_3 + 3Zn + 8HCl = 3ZnCl_2 + 2NaCl + H_2S + 3H_2O$$

$$H_2SO_3 + 2H_2S = 3S\downarrow + 3H_2O$$

Na_2SO_3 还原 $KMnO_4$ 时，$KMnO_4$ 的还原产物与介质的酸碱性有关。在酸性介质中还原产物是淡红色（稀时无色）Mn^{2+}；在弱酸性、中性、弱碱性介质中还原产物是棕褐色的 MnO_2；在碱性介质中还原产物是绿色的 MnO_4^{2-}。SO_2 和某些有色的有机物生成无色加合物，所以具有漂白性，但这种加合物受热易分解。

SO_3^{2-} 能与 $Na_2[Fe(CN)_5NO]$ 反应生成红色化合物。利用这个反应可以鉴定 SO_3^{2-} 的存在。

亚硫酸盐与硫作用生成不稳定的硫代硫酸盐，硫代硫酸盐遇酸容易分解，如：

$$Na_2SO_3 + S \longrightarrow Na_2S_2O_3$$

$$S_2O_3^{2-} + 2H^+ \longrightarrow SO_2 + S + H_2O$$

$Na_2S_2O_3$ 常作还原剂，能将 I_2 还原为 I^-，本身被氧化为连四硫酸钠：

$$2Na_2S_2O_3 + I_2 \longrightarrow Na_2S_4O_6 + 2NaI$$

这是分析化学上碘量法容量分析的基本反应。

$S_2O_3^{2-}$ 与 Ag^+ 生成白色硫代硫酸银沉淀，然后能迅速变黄色、变棕色、最后变为黑色的硫化银沉淀。这是 $S_2O_3^{2-}$ 最特殊的反应之一，可用于鉴定 $S_2O_3^{2-}$ 的存在。注意，过量的 $S_2O_3^{2-}$ 与 Ag^+ 反应生成可溶性的配离子 $[Ag(S_2O_3)_2]^{3-}$，影响 $S_2O_3^{2-}$ 的鉴定。

如果溶液中同时存在 S^{2-}、SO_3^{2-} 和 $S_2O_3^{2-}$，需要逐个加以鉴定时，必须先将 S^{2-} 除去，因 S^{2-} 的存在妨碍 SO_3^{2-} 和 $S_2O_3^{2-}$ 的鉴定。除去 S^{2-} 的方法是在含有 S^{2-}、SO_3^{2-} 和 $S_2O_3^{2-}$ 的混合溶液中，加入 $PbCO_3$ 固体，使 $PbCO_3$ 转化为溶度积更小的 PbS 沉淀，离心分离后，在清液中再分别鉴定 SO_3^{2-} 和 $S_2O_3^{2-}$。

氯、溴、碘是 p 区ⅦA 族元素，它们原子的价电子层构型为 ns^2np^5，因此氧化数通常是−1。但在一定条件下，也可生成氧化数为+1、+3、+5、+7 的化合物。卤素都是氧化剂，它们的氧化性按下列顺序变化：$F_2 > Cl_2 > Br_2 > I_2$。而卤素离子的还原性，则按相反顺序变化：$I^- > Br^- > Cl^- > F^-$。例如：HI 可将浓 H_2SO_4 还原到 H_2S，HBr 可将浓 H_2SO_4 还原到 SO_2，而 HCl 则不能还原浓 H_2SO_4。

氯的水溶液叫氯水。在氯水中存在下列平衡：

$$Cl_2 + H_2O \rightleftharpoons HCl + HClO$$

若将氯通入冷的碱溶液中，可使上述平衡向右移动，生成次氯酸盐。次氯酸和次氯酸盐都是强氧化剂。

卤素的其他含氧酸盐在中性溶液中，没有明显的氧化性，但在酸性介质中通常也有较强的氧化性。例如：

$$KClO_3 + 6KI + 3H_2SO_4 \longrightarrow 3K_2SO_4 + KCl + 3I_2 + 3H_2O$$

$$KBrO_3 + 6KI + 3H_2SO_4 \longrightarrow 3K_2SO_4 + KBr + 3I_2 + 3H_2O$$

Cl^-、Br^-、I^- 能和 Ag^+ 生成难溶于水的 AgCl（白色）、AgBr（淡黄色）、AgI（黄色），它们都不溶于稀 HNO_3 中。AgCl 可溶于氨水和 $(NH_4)_2CO_3$ 溶液中，因为生成了可溶性的配位离子 $[Ag(NH_3)_2]^+$，AgBr 和 AgI 则不溶，其反应为：

$$AgCl + 2NH_3 \longrightarrow [Ag(NH_3)_2]^+ + Cl^-$$

利用这个性质，可以将 AgCl 和 AgBr、AgI 分离。在分离 AgBr、AgI 后的溶液中再加入 HNO_3 酸化，则 AgCl 又重新沉淀，其反应为：

$$[Ag(NH_3)_2]^+ + Cl^- + 2H^+ \longrightarrow AgCl\downarrow + 2NH_4^+$$

AgBr可溶于$Na_2S_2O_3$溶液，AgI可溶于过量KI溶液或NaCN溶液中：

$$AgBr + 2S_2O_3^{2-} = [Ag(S_2O_3)_2]^{3-} + Br^-$$

$$AgI + I^- = AgI_2^-$$

$$AgI + 2CN^- = [Ag(CN)_2]^- + I^-$$

在HAc介质中用锌还原AgBr、AgI中的Ag^+为Ag，可使Br^-和I^-转入溶液中，再用氯水将其分别氧化为Br_2和I_2，然后加以鉴定。Br_2和I_2易溶于CCl_4中，分别呈现橙黄色和红紫色。

实验仪器用品和试剂

1.实验仪器用品：电动离心机、点滴板、试管、烧杯、玻璃棒、滴管、酒精灯、$Pb(Ac)_2$试纸、KI-淀粉试纸、pH试纸。

2.试剂：H_2SO_4（浓，$6mol \cdot L^{-1}$，$3mol \cdot L^{-1}$）、HAc（$6mol \cdot L^{-1}$）、HNO_3（$2mol \cdot L^{-1}$，$6mol \cdot L^{-1}$）、HCl（浓，$6mol \cdot L^{-1}$，$2mol \cdot L^{-1}$）、$NH_3 \cdot H_2O$（$2mol \cdot L^{-1}$，$6mol \cdot L^{-1}$）、$KClO_3$（饱和）、$KBrO_3$（饱和）、NaClO（$0.1mol \cdot L^{-1}$）、$Na_2S_2O_3$（$0.1mol \cdot L^{-1}$）、KBr（$0.1mol \cdot L^{-1}$）、KI（$0.1mol \cdot L^{-1}$）、$AgNO_3$（$0.1mol \cdot L^{-1}$）、$(NH_4)_2CO_3$（12%）、$KMnO_4$（$0.1mol \cdot L^{-1}$）、$Na_2[Fe(CN)_5NO]$（1.0%）、NaCl（$0.1mol \cdot L^{-1}$）、Na_2S（$0.1mol \cdot L^{-1}$）、硫粉、锌粉、Na_2SO_3（s）、NaCl（s）、KBr（s）、KI（s）、氯水、碘水、SO_2（饱和）、H_2O_2（3%）、CCl_4、品红溶液、淀粉溶液。

实验内容

1.过氧化氢的性质

试验H_2O_2在酸性介质中分别与$KMnO_4$、KI反应，观察现象，根据实验结果说明H_2O_2在反应中各起什么作用。

2.硫离子（S^{2-}）的鉴定

在白色点滴板上加1滴$0.1mol \cdot L^{-1}$ Na_2S溶液，再加1滴$Na_2[Fe(CN)_5NO]$溶液（1.0%），观察实验现象，写出离子反应式。

3.亚硫酸盐的性质

（1）取少量Na_2SO_3（s）于试管中，加入2mL $6mol \cdot L^{-1}$ H_2SO_4溶液，加热试管，用pH试纸（或蓝色石蕊试纸）检验管口逸出的气体。观察现象并写出反应式。

（2）设计操作程序，用淀粉溶液为指示剂，试验碘水与饱和SO_2溶液反应，观察现象，并写出反应方程式。

（3）设计操作程序，试验饱和SO_2溶液使品红溶液的褪色过程。若加热反应体系，又会有什么变化？观察实验现象，写出离子反应式。

4.多硫化物的生成和性质

在试管中加入$0.1mol \cdot L^{-1}$ Na_2S溶液和少量硫粉，加热数分钟，观测溶液颜色的变化。吸取清液于另一试管中，加入$2mol \cdot L^{-1}$ HCl溶液，观察现象，并用湿润的$Pb(Ac)_2$试纸检查逸出的气体。写出有关的反应方程式。

5.硫代硫酸钠的性质

（1）如何证明$Na_2S_2O_3$在酸性溶液中的不稳定性？如何检验逸出的气体？（本实验和

Na_2S_x 与 HCl 的反应有何不同?)

(2) $S_2O_3^{2-}$ 的鉴定　在白色点滴板上加 2 滴 $0.1mol \cdot L^{-1}$ $AgNO_3$ 溶液，再加 $0.1mol \cdot L^{-1}$ $Na_2S_2O_3$ 溶液，观察实验现象，写出有关的反应方程式。

6. 卤素离子的鉴定

(1) Cl^- 的鉴定　取 2 滴 $0.1mol \cdot L^{-1}$ NaCl 溶液于离心管中，加入 1 滴 $2mol \cdot L^{-1}$ HNO_3 溶液，再加入 2 滴 $0.1mol \cdot L^{-1}$ $AgNO_3$ 溶液，观察实验现象。离心分离，弃去清液，在沉淀中加入数滴 $6mol \cdot L^{-1}$ $NH_3 \cdot H_2O$，充分振荡使沉淀消失。然后再加入 $6mol \cdot L^{-1}$ HNO_3 溶液，此时应有何现象？若加入 $0.1mol \cdot L^{-1}$ 的 KI 溶液，又有何现象？写出有关的反应方程式。

(2) Br^- 的鉴定　取 2 滴 $0.1mol \cdot L^{-1}$ 的 KBr 溶液和 5～6 滴 CCl_4 滴入试管中，然后逐滴加入氯水，充分振荡，观察实验现象。写出有关的反应方程式。

(3) I^- 的鉴定　取 2 滴 $0.1mol \cdot L^{-1}$ 的 KI 溶液和 5～6 滴 CCl_4 滴入试管中，然后逐滴加入氯水，充分振荡，观察实验现象（若加入过量氯水，紫色会褪去，因为生成了 IO_3^-）。写出有关的反应方程式。

7. 卤化氢的性质（本实验应在通风橱中进行）

在 3 支干燥的试管中分别加入米粒大小的 NaCl、KBr、KI 固体，然后加入数滴浓 H_2SO_4，观察现象。选择合适的试纸［pH 试纸、KI-淀粉试纸、$Pb(Ac)_2$ 试纸］检验所生成的气体，根据现象分析产物，并比较 HCl、HBr、HI 的还原性，写出有关的反应方程式。

8. 卤素含氧酸盐的氧化性

(1) 次氯酸盐的性质

① 分别在 2 支试管中滴加 10 滴 $0.1mol \cdot L^{-1}$ NaClO 溶液，然后分别滴加 $2mol \cdot L^{-1}$ HCl 溶液、$0.1mol \cdot L^{-1}$ NaCl 溶液进行反应，观察溶液的颜色变化，用 KI-淀粉试纸检验管口逸出的气体。如无明显现象，请继续滴加 $2mol \cdot L^{-1}$ HCl 溶液进行观察。说明酸度对 NaClO 氧化性的影响。

② 设计操作程序，试验 NaClO 溶液使品红溶液的褪色过程。这里品红的褪色与 SO_2 使品红的褪色有何不同?

(2) $KClO_3$ 的性质

① 在试管中加入数滴饱和 $KClO_3$ 溶液，然后加入少量浓 HCl，试证明有 Cl_2 生成，写出有关的反应方程式。

② 在试管中加入数滴 KI 溶液和数滴饱和 $KClO_3$ 溶液，观察现象。再逐滴加入 $6mol \cdot L^{-1}$ H_2SO_4 溶液酸化并不断振荡试管，观察溶液颜色的变化。根据实验现象说明介质对 $KClO_3$ 氧化性的影响，写出有关的反应方程式。

(3) $KBrO_3$ 的性质　在试管中加入 0.5mL $0.1mol \cdot L^{-1}$ KI 溶液和 1mL $6mol \cdot L^{-1}$ H_2SO_4 溶液，然后逐滴加入饱和 $KBrO_3$ 溶液，记录实验现象并解释。

注意事项

(1) 涉及有 H_2S 气体产生的实验、卤化物与浓硫酸反应的实验，应在通风橱中进行。

(2) 使用浓硫酸要注意安全，切勿溅入眼睛和滴到皮肤上。

(3) 含有戊醇、CCl_4 的试液不得倒入水槽，必须倒入指定的回收瓶中。

课外拓展

根据实验室的条件，请设计 Cl^-、Br^-、I^- 混合物的分离方案并进行操作。

实验十八
铬、锰、铁、钴、镍

预习要求

1. 学习有关 Cr、Mn、Fe、Co、Ni 不同氧化态化合物的氧化还原变化规律。
2. 学习配合物的相关内容。
3. 了解常见过渡金属离子的定性鉴定方法。
4. 书写预习报告，并按照指导教师的要求完成思考题。

思考题

1. 怎么制备 $Co(OH)_3$ 和 $Ni(OH)_3$ 沉淀？为什么要把作为原料的 Co(Ⅱ)、Ni(Ⅱ) 在碱性介质中进行氧化？

2. 在实验内容“3. 配合物的生成和应用”的（5）、（6）中，为什么 $K_4[Fe(CN)_6]$ 能把 I_2 还原为 I^-，而 $FeSO_4$ 则不能？

3. 怎样实现下列转化？

$$Cr^{3+} \longrightarrow [Cr(OH)_4]^- \longrightarrow CrO_4^{2-} \longrightarrow Cr_2O_7^{2-} \longrightarrow CrO_5 \longrightarrow Cr^{3+}$$

$$Mn^{2+} \longrightarrow MnO_2 \longrightarrow MnO_4^{2-} \longrightarrow MnO_4^- \longrightarrow Mn^{2+}$$

实验目的

1. 掌握 Cr(Ⅲ)、Mn(Ⅱ)、Fe(Ⅱ)、Co(Ⅱ)、Ni(Ⅱ) 氢氧化物的生成和还原性，以及在酸性介质中 $Fe(OH)_3$、$Co(OH)_3$、$Ni(OH)_3$ 的氧化性。
2. 掌握常用氧化剂 $KMnO_4$ 和 $K_2Cr_2O_7$ 的氧化性。
3. 掌握 Fe(Ⅱ)、Fe(Ⅲ)、Co(Ⅱ)、Co(Ⅲ)、Ni(Ⅱ) 的配合物的生成。
4. 掌握铬、锰、铁、钴、镍混合离子的分离与鉴定方法。

实验原理

1. 铬和锰

铬和锰分别为周期表ⅥB、ⅦB 族元素，它们都有可变的氧化数。铬的氧化数有+2、+3、+6，其中氧化数+2 的化合物不稳定。锰的氧化数有+2、+3、+4、+5、+6、+7，其中氧化数+3、+5 的化合物不稳定。水溶液中锰的各种氧化数的化合物具有不同的颜色，如表 1 所示。

表1　具有不同氧化数的含锰离子的特征颜色

氧化数	+2	+3	+4	+5	+6	+7
水合离子	Mn^{2+}	Mn^{3+}	无	MnO_3^-	MnO_4^{2-}	MnO_4^-
颜色	浅桃红	红		蓝	绿	紫

在酸性条件下，用锌还原 Cr^{3+} 或 $Cr_2O_7^{2-}$ 均可得到天蓝色的 Cr^{2+}：

$$2Cr^{3+} + Zn = 2Cr^{2+} + Zn^{2+}$$

$$Cr_2O_7^{2-} + 4Zn + 14H^+ = 2Cr^{2+} + 4Zn^{2+} + 7H_2O$$

灰绿色的 $Cr(OH)_3$ 呈两性，与酸作用生成 Cr^{3+}，与过量的碱作用生成亮绿色的 $[Cr(OH)_4]^-$。Cr^{3+} 与氨水作用只能生成 $Cr(OH)_3$ 沉淀，不能生成氨的配合物。由于氨水的碱度不够，所以 $Cr(OH)_3$ 不能以 $[Cr(OH)_4]^-$ 形式溶于过量氨水。由于 $Cr(OH)_3$ 的难溶性，所以 $[Cr(NH_3)_6]^{3+}$ 在水溶液中不能形成，需在液氨中才能生成。

在 Cr^{3+} 的溶液中加入 Na_2S 并不生成 Cr_2S_3，因为 Cr_2S_3 在水中完全水解：

$$2Cr^{3+} + 3S^{2-} + 6H_2O = 2Cr(OH)_3 + 3H_2S$$

在碱性溶液中，$[Cr(OH)_4]^-$ 具有较强的还原性，可被 H_2O_2 氧化为 CrO_4^{2-}：

$$2[Cr(OH)_4]^- + 3H_2O_2 + 2OH^- = 2CrO_4^{2-} + 8H_2O$$

但在酸性溶液中，Cr^{3+} 的还原性较弱，只有像 $K_2S_2O_8$ 或 $KMnO_4$ 等强氧化剂才能将其氧化为 $Cr_2O_7^{2-}$，例如：

$$2Cr^{3+} + 3S_2O_8^{2-} + 7H_2O = Cr_2O_7^{2-} + 6SO_4^{2-} + 14H^+$$

而在酸性溶液中，$Cr_2O_7^{2-}$ 则是强氧化剂，例如可以氧化浓盐酸：

$$K_2Cr_2O_7 + 14HCl(浓) = 2CrCl_3 + 3Cl_2 + 7H_2O + 2KCl$$

重铬酸盐的溶解度较铬酸盐的溶解度大，因此，在重铬酸盐溶液中加入 Ag^+、Pb^{2+}、Ba^{2+} 等离子时，将析出铬酸盐沉淀，例如：

$$Cr_2O_7^{2-} + 4Ag^+ + H_2O = 2Ag_2CrO_4(砖红色) + 2H^+$$

$$Cr_2O_7^{2-} + 2Ba^{2+} + H_2O = 2BaCrO_4(黄色) + 2H^+$$

在酸性溶液中，$Cr_2O_7^{2-}$ 与 H_2O_2 能生成深蓝色的过氧化铬 CrO_5，但它很不稳定，很快分解为 Cr^{3+} 和 O_2。若被萃取到乙醚或戊醇中则稳定得多。主要反应：

$$Cr_2O_7^{2-} + 4H_2O_2 + 2H^+ = 2CrO(O_2)_2(深蓝) + 5H_2O$$

$$CrO(O_2)_2 + (C_2H_5)_2O = CrO(O_2)_2(C_2H_5)_2O(深蓝)$$

$$4CrO(O_2)_2 + 12H^+ = 4Cr^{3+} + 7O_2 + 6H_2O$$

此反应可用于鉴定 Cr(Ⅵ) 和 Cr(Ⅲ) 的存在。

白色的 $Mn(OH)_2$ 呈碱性，在空气中即能迅速被氧化：

$$2Mn(OH)_2 + O_2 = 2MnO(OH)_2(s)(棕色)$$

在浓硫酸中，MnO_4^- 与 Mn^{2+} 反应可以生成深红色的 Mn^{3+}（实际是硫酸根的配合物）：

$$MnO_4^- + 4Mn^{2+} + 8H^+ = 5Mn^{3+} + 4H_2O$$

若硫酸浓度降低，Mn^{3+} 则将发生歧化反应，生成 Mn^{2+} 和 MnO_2：

$$2Mn^{3+} + 2H_2O = Mn^{2+} + MnO_2\downarrow + 4H^+$$

在中性或近中性溶液中，MnO_4^- 与 Mn^{2+} 反应生成棕色 MnO_2 沉淀：

$$2MnO_4^- + 3Mn^{2+} + 2H_2O = 5MnO_2\downarrow + 4H^+$$

在酸性介质中，MnO_2 是较强的氧化剂，本身还原为 Mn^{2+}：

$$2MnO_2 + 2H_2SO_4(浓) \xlongequal{\triangle} 2MnSO_4 + O_2 + 2H_2O$$

$$MnO_2 + 2HCl(浓) \xlongequal{\triangle} 2MnCl_2 + Cl_2 + 2H_2O$$

后一反应用于实验室中制取少量氯气。

在强碱性溶液中，MnO_4^- 也可以氧化 MnO_2 生成绿色的+6 价态的 MnO_4^{2-}：

$$2MnO_4^- + MnO_2 + 4OH^- \longequal 3MnO_4^{2-} + 2H_2O$$

MnO_4^{2-} 只有在强碱性（pH＞13.5）条件下才能稳定存在，在微碱性、中性或酸性溶液中即发生歧化反应，生成紫色 MnO_4^- 和棕色 MnO_2：

$$3MnO_4^{2-} + 2H_2O \longequal 2MnO_4^- + MnO_2\downarrow + 4OH^-$$

$$3MnO_4^{2-} + 4H^+ \longequal 2MnO_4^- + MnO_2\downarrow + 2H_2O$$

$KMnO_4$ 是重要的氧化剂，其还原产物随介质的不同而不同。在酸性介质中被还原为 Mn^{2+}，在中性介质中被还原为 MnO_2，而在强碱性介质中和少量还原剂作用时则被还原为 MnO_4^{2-}。

在有 HNO_3 存在下，Mn^{2+} 可被 $NaBiO_3$、PbO_2、$(NH_4)_2S_2O_8$ 氧化为紫红色的 MnO_4^-，这三个反应在实验室中常用于鉴定 Mn^{2+} 的存在：

$$5NaBiO_3 + 2Mn^{2+} + 14H^+ \longequal 2MnO_4^- + 5Bi^{3+} + 5Na^+ + 7H_2O$$

$$2Mn^{2+} + 5PbO_2 + 4H^+ \longequal 2MnO_4^- + 5Pb^{2+} + 2H_2O$$

$$5S_2O_8^{2-} + 2Mn^{2+} + 8H_2O \longequal 10SO_4^{2-} + 2MnO_4^- + 16H^+ (Ag^+ 为催化剂)$$

2.铁、钴、镍

铁、钴、镍是周期表Ⅷ族元素第一个三元素组，它们的原子最外层电子数都是 2 个，次外层电子未满，因此显示可变的化合价。它们彼此的相似性超过在周期表中纵向元素间的相似性。

铁、钴、镍的+2 价氢氧化物显碱性，都难溶于水，$Fe(OH)_2$ 呈白色，$Co(OH)_2$ 呈粉红色，$Ni(OH)_2$ 呈苹果绿色。它们在空气中对氧的稳定性各不相同。$Fe(OH)_2$ 有很强的还原性，很快被氧化成红棕色的 $Fe(OH)_3$：

$$4Fe(OH)_2 + O_2 + 2H_2O \longequal 4Fe(OH)_3 (红棕色)$$

在这个氧化过程中，可以观察到颜色由白→土绿→黑→红棕色的变化，主要的中间产物有 $Fe(OH)_2 \cdot 2Fe(OH)_3$（黑色）。因此，制备 $Fe(OH)_2$ 时必须将有关试剂煮沸除氧，即使这样做，有时白色的 $Fe(OH)_2$ 也难以看到。$CoCl_2$ 溶液与 OH^- 反应先生成碱式氯化钴沉淀，继续加 OH^- 时才生成 $Co(OH)_2$：

$$Co^{2+} + Cl^- + OH^- \longequal Co(OH)Cl\downarrow (蓝色)$$

$$Co(OH)Cl + OH^- \longequal Co(OH)_2\downarrow (粉红色) + Cl^-$$

注意：一些资料认为，$Co(OH)_2$ 有一种蓝色不稳定形式，放置后才转化为稳定的粉红色形式，而碱式盐应是绿色的。$Co(OH)_2$ 也能被空气中的氧缓慢氧化：

$$4Co(OH)_2 + O_2 + 2H_2O \longequal 4Co(OH)_3\downarrow (褐色)$$

关于 $Co(OH)_2$ 的酸碱性，现行资料中尚未统一意见。一些学者认为 $Co(OH)_2$ 是碱性的，因而难溶于强碱溶液中（大连理工大学编《无机化学》）；也有学者认为，$Co(OH)_2$ 有明显的两性，可以溶于强碱溶液中形成蓝色的 $[Co(OH)_4]^{2-}$（武汉大学等校编《无机化学》）。这点有待于确证。

$Ni(OH)_2$ 具有碱性，在空气中稳定，不被空气中氧气所氧化。

铁、钴、镍的+3价氢氧化物都难溶于水。通常称为氢氧化铁的红棕色沉淀实际上是水合三氧化二铁 $Fe_2O_3 \cdot nH_2O$，习惯上把它写成 $Fe(OH)_3$，可溶于酸，生成+3价的可溶性铁盐。新沉淀出来的水合三氧化二铁具有两性，主要呈碱性，易溶于酸中，溶于浓的强碱溶液则形成 $[Fe(OH)_6]^{3-}$。$Co(OH)_3$ 呈褐色，$Ni(OH)_3$ 呈黑色。因为Co(Ⅲ)和Ni(Ⅲ)都有很强的氧化性，所以在溶于盐酸时即可氧化盐酸而放出氯气，溶于硫酸时则氧化水而放出氧气，均不能生成相应的+3价盐。有关反应方程式如下：

$$2Co(OH)_3 + 6HCl(浓) \longrightarrow 2CoCl_2 + Cl_2\uparrow + 6H_2O$$

$$4Co(OH)_3 + 4H_2SO_4 \longrightarrow 4CoSO_4 + O_2\uparrow + 10H_2O$$

$Co(OH)_3$ 和 $Ni(OH)_3$ 通常由Co(Ⅱ)和Ni(Ⅱ)盐在碱性条件下由强氧化剂（如 Br_2、NaClO、Cl_2 等）氧化而得到，例如：

$$2Ni^{2+} + 6OH^- + Br_2 \longrightarrow 2Ni(OH)_3\downarrow + 2Br^-$$

在水溶液中 Fe^{2+}、Co^{2+}、Ni^{2+} 等离子都有颜色，如 $Fe^{2+}(aq)$呈浅绿色，$Co^{2+}(aq)$呈粉红色，$Ni^{2+}(aq)$呈绿色。在强酸性条件下，$Fe^{3+}(aq)$呈淡紫色，当酸度稍有降低时，由于水解生成了$[Fe(H_2O)_5(OH)]^{2+}$而使溶液呈棕黄色。工业盐酸显黄色则是由于生成$[FeCl_4]^-$的缘故。

铁、钴、镍都能生成不溶于水而易溶于稀酸的硫化物。所以，在稀酸中不能生成FeS、CoS和NiS沉淀，但在非酸性条件下，CoS和NiS生成沉淀后，由于结构改变，成为难溶物质，将不再溶于稀酸。

铁、钴、镍都能生成多种配合物。Fe^{2+} 和 Fe^{3+} 与氨水反应只生成 $Fe(OH)_2$ 和 $Fe(OH)_3$，而不生成氨合物。Co^{2+} 和 Ni^{2+} 与氨水反应则先生成碱式盐沉淀，而后溶于过量氨水，形成氨合物，例如：

$$CoCl_2 + NH_3 \cdot H_2O \longrightarrow Co(OH)Cl + NH_4Cl$$

$$Co(OH)Cl + 5NH_3 + NH_4^+ \longrightarrow [Co(NH_3)_6]^{2+}(土黄色) + Cl^- + H_2O$$

$[Co(NH_3)_6]^{2+}$ 不稳定，易被空气氧化为 $[Co(NH_3)_6]^{3+}$：

$$4[Co(NH_3)_6]^{2+} + O_2 + 2H_2O \longrightarrow 4[Co(NH_3)_6]^{3+}(棕红色) + 4OH^-$$

$$2NiSO_4 + 2NH_3 \cdot H_2O \longrightarrow Ni_2(OH)_2SO_4\downarrow(浅绿色) + (NH_4)_2SO_4$$

$$Ni_2(OH)_2SO_4 + 10NH_3 + 2NH_4^+ \longrightarrow 2[Ni(NH_3)_6]^{2+}(蓝色) + SO_4^{2-} + 2H_2O$$

$[Ni(NH_3)_6]^{2+}$在空气中是稳定的，只有用强氧化剂才能将其氧化为$[Ni(NH_3)_6]^{3+}$，例如：

$$2[Ni(NH_3)_6]^{2+} + Br_2 \longrightarrow 2[Ni(NH_3)_6]^{3+} + 2Br^-$$

$K_4[Fe(CN)_6] \cdot 3H_2O$ (s) 是黄色晶体，俗名黄血盐。$K_3[Fe(CN)_6]$ (s) 是深红色晶体，俗名赤血盐（水溶液呈土黄色）。$K_4[Fe(CN)_6]$ 与 Fe^{3+} 形成蓝色沉淀（普鲁士蓝，俗称铁蓝），$K_3[Fe(CN)_6]$ 则与 Fe^{2+} 形成蓝色沉淀（滕氏蓝）。经结构研究证明，这两种蓝色沉淀的组成和结构都是相同的。反应式如下：

$$K^+ + Fe^{3+} + [Fe(CN)_6]^{4-} \longrightarrow KFe[Fe(CN)_6]\downarrow$$

$$K^+ + Fe^{2+} + [Fe(CN)_6]^{3-} \longrightarrow KFe[Fe(CN)_6]\downarrow$$

这两个灵敏的反应可分别用于检定 Fe^{3+} 和 Fe^{2+} 的存在。

Fe^{3+} 与 SCN^- 形成血红色的配合物：

$$Fe^{3+} + nNCS^- \longrightarrow [Fe(SCN)_n]^{3-n}(n=1\sim6 均为红色)$$

此反应也常用于检验 Fe^{3+} 的存在。但要注意，该反应必须在酸性溶液中进行，否则会因 Fe^{3+} 的水解而得不到 $[Fe(SCN)_n]^{3-n}$。Co^{2+} 与 SCN^- 反应可生成蓝色的 $[Co(SCN)_4]^{2-}$，它在水溶液中不稳定，在丙酮或戊醇等有机溶剂中较为稳定。该反应常用于鉴定 Co^{2+} 的存在。但是 Fe^{3+} 存在会干扰测定，可加入 NaF 使 Fe^{3+} 生成无色的 $[FeF_6]^{3-}$ 而掩蔽掉。Ni^{2+} 与 SCN^- 也能形成配离子 $[Ni(SCN)_4]^{2-}$，但稳定性很小，无实用意义。

Ni^{2+} 与丁二酮肟（又称二乙酰二肟，或简称丁二肟）反应生成玫瑰红色的内配盐。此反应需在弱碱性条件下进行，酸度过大内配盐难以生成，但碱度过大则生成 $Ni(OH)_2$ 沉淀，适宜的条件是 pH＝5～10。因此，该反应通常在氨水条件下进行。反应式为：

$$Ni^{2+} + 2\ \begin{matrix} H_3C-C{=}N-OH \\ | \\ H_3C-C{=}N-OH \end{matrix} \longrightarrow Ni(DMG)_2\ (s) + 2H^+$$

或简写为：$Ni^{2+} + 2DMG \longrightarrow Ni(DMG)_2(s) + 2H^+$。此反应十分灵敏，常用于鉴定 Ni^{2+} 的存在。

Fe^{3+}、Co^{3+} 还与 F^- 形成稳定的六配位配合物，而 Co^{2+}、Fe^{3+} 与 Cl^- 则形成不稳定的四配位配合物。

实验仪器用品和试剂

1. 实验仪器用品：烧杯、试管、试管架、点滴板、试管夹、洗瓶、滴管、KI-淀粉试纸。

2. 试剂：HCl（浓，$2mol \cdot L^{-1}$）、H_2SO_4（$3mol \cdot L^{-1}$）、NaOH（$2mol \cdot L^{-1}$，$6mol \cdot L^{-1}$）、$NH_3 \cdot H_2O$（$6mol \cdot L^{-1}$，$2mol \cdot L^{-1}$）、$CoCl_2$（$0.1mol \cdot L^{-1}$）、$NiSO_4$（$0.1mol \cdot L^{-1}$）、$MnSO_4$（$0.1mol \cdot L^{-1}$）、$Cr_2(SO_4)_3$（$0.1mol \cdot L^{-1}$）、Na_2SO_3（$0.1mol \cdot L^{-1}$，新鲜配制）、$K_2Cr_2O_7$（$0.1mol \cdot L^{-1}$）、$FeCl_3$（$0.1mol \cdot L^{-1}$）、$K_4[Fe(CN)_6]$（$0.1mol \cdot L^{-1}$）、$K_3[Fe(CN)_6]$（$0.1mol \cdot L^{-1}$）、$KMnO_4$（$0.01mol \cdot L^{-1}$）、H_2O_2（3%）、溴水、丁二酮肟、丙酮、戊醇、$FeSO_4 \cdot 7H_2O$（s）、KSCN（饱和）。

实验内容

1. 氢氧化物的生成和性质

（1）在一个洁净小烧杯中加入少量 $FeSO_4 \cdot 7H_2O$（s），加入几滴 $3mol \cdot L^{-1}$ H_2SO_4 溶液（为什么?），加少量水溶解。在 A、B、C 三支试管中加入澄清的 $FeSO_4$ 溶液各 1mL，煮沸溶液。另取一支试管加入 2mL $2mol \cdot L^{-1}$ NaOH 溶液并煮沸，稍冷后用滴管吸取 NaOH 溶液，分别插入 A、B、C 试管的底部，慢慢挤出 NaOH 溶液（**注意：不能鼓泡**）。观察产物的颜色和状态。然后，往 A 试管中加入 $2mol \cdot L^{-1}$ HCl 溶液，观察现象；往 B 试管中加入 $6mol \cdot L^{-1}$ NaOH 溶液，观察现象。C 试管静置一段时间，观察现象。写出有关反应式。

（2）参照上述实验，根据实验室所提供的试剂，分别制备 $Co(OH)_2$、$Ni(OH)_2$、$Mn(OH)_2$（操作需注意什么问题?）和 $Cr(OH)_3$，观察现象，并分别试验其在酸、碱、空气中的情况。写出有关反应式。

(3) 根据实验室所提供的试剂，分别制备 $Fe(OH)_3$、$Co(OH)_3$、$Ni(OH)_3$，观察现象。然后离心分离，弃去清液，分别加入浓 HCl，并用 KI-淀粉试纸在离心管口检查逸出的气体，观察现象，写出有关反应式。

根据实验的结果，比较 Fe(Ⅱ)、Co(Ⅱ)、Ni(Ⅱ) 的还原性差异和 Fe(Ⅲ)、Co(Ⅲ)、Ni(Ⅲ) 的氧化性差异。

(4) Cr^{3+} 的鉴定　在试管中加入 5 滴 $0.1mol \cdot L^{-1} Cr_2(SO_4)_3$ 溶液，逐滴加入 $6mol \cdot L^{-1}$ NaOH 溶液至沉淀生成，观察现象。继续滴加 $6mol \cdot L^{-1}$ NaOH 至沉淀溶解，然后加入 1mL 3% H_2O_2 溶液，加热试管，观察现象。待试管冷却后，再加入几滴戊醇（必要时可补加几滴 H_2O_2），逐滴加入 $3mol \cdot L^{-1} H_2SO_4$ 酸化，轻摇试管，静置，待分层后观察戊醇中的颜色变化，写出有关反应式。

2. 锰（Ⅶ）和铬（Ⅵ）的氧化性

(1) 请自列操作程序，分别试验 $KMnO_4$ 在强酸性、中性、强碱性介质中与 Na_2SO_3 溶液作用的情况，观察产物的性状和颜色的差异，写出有关反应式。

(2) 试验在硫酸介质中，$K_2Cr_2O_7$ 与还原剂（可以选什么试剂?）的作用，观察现象并写出反应式。

3. 配合物的生成和应用

(1) 取浓度均为 $0.1mol \cdot L^{-1}$ 的含 Cr^{3+}、Mn^{2+}、Fe^{3+}、Co^{2+}、Ni^{2+} 的溶液各 3 滴，分别滴加 $6mol \cdot L^{-1} NH_3 \cdot H_2O$ 至过量，观察现象，写出离子反应式。根据实验结果，归纳上述离子形成氨配合物的能力，指出哪些离子能形成氨配合物、哪些离子不能形成氨配合物。

(2) 取 2 滴 $0.1mol \cdot L^{-1} CoCl_2$ 溶液于点滴板中，加入 2 滴丙酮，再加入饱和 KSCN 溶液，观察现象，写出离子反应式。

(3) 取 2 滴 $0.1mol \cdot L^{-1} NiSO_4$ 溶液于点滴板中，滴加 $2mol \cdot L^{-1} NH_3 \cdot H_2O$ 至弱碱性后，再加入 2 滴丁二酮肟，观察现象，写出离子反应式。

(4) 在点滴板中试验 Fe^{3+} 与 $K_4[Fe(CN)_6]$ 反应、Fe^{2+} 与 $K_3[Fe(CN)_6]$ 反应，观察现象，写出离子反应式。

(5) 在试管中滴加 2 滴 $K_4[Fe(CN)_6]$ 溶液，加入 2 滴碘水，振荡试管，然后再滴加新鲜配制的 $FeSO_4$ 溶液，观察现象，写出离子反应式。

(6) 在两份新鲜配制的 $FeSO_4$ 溶液中分别滴加碘水，然后滴加饱和 KSCN 溶液，观察现象。在其中一支试管中滴加 3% H_2O_2 溶液，观察现象，写出离子反应式。

课外拓展

不锈钢材质的产品在我们的日常生活中广泛应用，比如不锈钢勺子、保温杯、饭盒等等，你知道不锈钢有多少种类型吗？其组成包括哪些元素？不锈钢的性能主要受哪些元素的影响？把你知道的和同学们一起分享学习吧！

实验十九

铜、银、锌、镉、汞

预习要求

1. 学习有关铜、银、锌、镉、汞的硫化物溶度积和在不同酸中的溶解情况。
2. 了解有关Cu(Ⅰ)和Cu(Ⅱ)、Hg(Ⅰ)和Hg(Ⅱ)的相互转化规律。
3. 书写预习报告，并按照指导教师的要求完成思考题。

思考题

1. 可用什么方法区别下列固体物质：$ZnSO_4$ 与 $CuSO_4$；$Na_2S_2O_3$ 和 ZnS。
2. $CuSO_4$ 溶液中滴加 NaOH 溶液和 $NH_3 \cdot H_2O$，沉淀产物有何不同？如何区别？
3. 配制含 Cu^{2+}、Ag^+、Zn^{2+}、Cd^{2+}、Hg^{2+} 的混合溶液时应用什么阴离子的盐来配制？能否用氯化物或硫酸盐来配制？

实验目的

1. 了解铜、银、锌、镉、汞的氢氧化物或氧化物的生成和性质。
2. 了解铜、银、锌、镉、汞的硫化物的生成和性质。
3. 了解铜、银、锌、镉、汞的配合物的形成和性质。
4. 掌握铜、银、锌、镉、汞的混合离子的分离和鉴定方法。

实验原理

铜、银是周期表ⅠB族元素。在化合物中，铜的氧化数通常是+2，但也有+1，银的氧化数通常是+1。锌、镉、汞则属于ⅡB族元素，在化合物中锌和镉的氧化数一般为+2，汞的氧化数除了+2以外，也有+1。

Cu^{2+} 与碱作用，生成蓝色的 $Cu(OH)_2$ 沉淀。$Cu(OH)_2$ 是两性偏碱的氢氧化物，易溶于酸生成 Cu^{2+}，也可溶于浓碱生成蓝色的 $[Cu(OH)_4]^{2-}$。$CuSO_4$ 与 $NH_3 \cdot H_2O$ 作用，先生成浅蓝色碱式盐 $Cu_2(OH)_2SO_4$ 沉淀，当 $NH_3 \cdot H_2O$ 过量时，则生成 $[Cu(NH_3)_4]^{2+}$ 深蓝色溶液。$Cu(OH)_2$ 加热时容易脱水生成黑色的 CuO。CuO 可溶于过量的 $NH_3 \cdot H_2O$ 生成 $[Cu(NH_3)_4]^{2+}$。Cu^{2+} 具有氧化性，与 I^- 反应时，生成的不是 CuI_2 而是白色 CuI 沉淀：

$$2Cu^{2+} + 4I^- = 2CuI \downarrow + I_2$$

白色 CuI 沉淀能溶于过量的 KI 溶液中生成 CuI_2^- 配离子。CuI 也能溶于 KSCN 溶液中生成 $Cu(SCN)_2^-$ 配离子。这两种配离子稳定性不是很大，所以在稀释时又分别重新形成 CuI 和 CuSCN 沉淀。在浓盐酸中 Cu^{2+} 可将 Cu 氧化为 Cu^+：

$$Cu^{2+} + Cu + 4HCl \xlongequal{煮沸} 2[CuCl_2]^- + 4H^+$$

$[CuCl_2]^-$ 是无色的，然而将 $CuCl_2$ 与 Cu 在浓盐酸中共煮，溶液会由黄棕色变为深棕色

（一些资料称泥黄色），这可能是中间产物，一种Cu(Ⅰ)和Cu(Ⅱ)混合价态的二聚或多聚配离子，如$Cl-Cu-Cl-CuCl_2(H_2O)^-$，因为具有混合价态的物质颜色往往比单一氧化态的物质颜色深而重。用水稀释后则析出白色CuCl沉淀：

$$2[CuCl_2]^- = 2CuCl\downarrow + 2Cl^-$$

CuCl沉淀可溶于氨水，生成无色的$[Cu(NH_3)_2]^+$。但$[Cu(NH_3)_2]^+$不稳定，在空气中很快被氧化成深蓝色的$[Cu(NH_3)_4]^{2+}$。

Cu^{2+}能与$K_4[Fe(CN)_6]$反应生成红棕色$Cu_2[Fe(CN)_6]$沉淀，这个反应可用于鉴定Cu^{2+}的存在。Fe^{3+}的存在能与$K_4[Fe(CN)_6]$反应生成蓝色沉淀因此干扰Cu^{2+}的鉴定。为此，先加氨水和NH_4Cl溶液，使Fe^{3+}生成$Fe(OH)_3$沉淀，而Cu^{2+}则以$[Cu(NH_3)_4]^{2+}$配离子形式留在溶液中。在加热的碱性溶液中，Cu^{2+}能氧化醛或糖类，并析出暗红色的Cu_2O，这一反应用于检验某些糖的存在，医学上可用于检定糖尿病：

$$2[Cu(OH)_4]^{2-} + C_6H_{12}O_6(\text{葡萄糖}) \xlongequal{\triangle} Cu_2O\downarrow + C_6H_{12}O_7(\text{葡萄糖酸}) + 2H_2O + 4OH^-$$

Zn^{2+}、Cd^{2+}与稀碱作用，分别生成白色$Zn(OH)_2$和$Cd(OH)_2$沉淀。$Zn(OH)_2$呈两性，$Cd(OH)_2$呈碱性。$Zn(OH)_2$和$Cd(OH)_2$都能溶于过量氨水中，分别生成无色的配离子$[Zn(NH_3)_4]^{2+}$、$[Cd(NH_3)_4]^{2+}$。

Ag^+、Hg^{2+}、Hg_2^{2+}与稀碱作用，由于生成的AgOH、$Hg(OH)_2$、$Hg_2(OH)_2$极易脱水，故得到的分别是棕色的Ag_2O、黄色的HgO和黑色的Hg_2O。Ag_2O可溶于过量的氨水中生成无色的$[Ag(NH_3)_2]^+$配离子；HgO则不溶于氨水而溶于硝酸；Hg_2O仍不稳定，易歧化为HgO和Hg。Hg^{2+}、Hg_2^{2+}与氨水反应首先生成难溶于水的白色氨基化物，而亚汞的氨基化物很快发生歧化反应。只有在大量NH_4^+存在时，氨基化物才能与过量氨水形成可溶性的氨配离子。例如：

$$HgCl_2 + 2NH_3 = NH_2HgCl(s) + NH_4Cl$$

$$Hg_2Cl_2 + 2NH_3 = NH_2Hg_2Cl(s) + NH_4Cl$$

$$NH_2Hg_2Cl(s) \longrightarrow NH_2HgCl(s) + Hg$$

$$NH_2HgCl(s) + 2NH_3 + NH_4^+ = [Hg(NH_3)_4]^{2+} + Cl^-$$

$Hg(NO_3)_2$、$Hg_2(NO_3)_2$的反应其产物稍有不同：

$$2Hg(NO_3)_2 + 4NH_3 + H_2O = HgO\cdot Hg(NH_2)NO_3(s) + 3NH_4NO_3$$

$$2Hg_2(NO_3)_2 + 4NH_3 + H_2O = HgO\cdot Hg(NH_2)NO_3(s) + 2Hg(s) + 3NH_4NO_3$$

$$HgO\cdot Hg(NH_2)NO_3(s) + 3NH_4^+ + 4NH_3 = 2[Hg(NH_3)_4]^{2+} + NO_3^- + H_2O$$

铜、银、锌、镉、汞都能生成有色、难溶的硫化物。CuS黑色，Ag_2S黑色，ZnS白色，CdS黄色，HgS黑色。ZnS可溶于稀盐酸（$0.3mol\cdot L^{-1}$），CdS可溶于浓盐酸（$6mol\cdot L^{-1}$），CuS、Ag_2S可溶于硝酸，HgS则溶于王水。反应式如下：

$$ZnS + 2HCl = ZnCl_2 + H_2S\uparrow$$

$$CdS + 4HCl = CdCl_4^{2-} + H_2S\uparrow + 2H^+$$

$$3CuS + 8HNO_3 = 3Cu(NO_3)_2 + 2NO\uparrow + 3S\downarrow + 4H_2O$$

$$3Ag_2S + 8HNO_3 = 6AgNO_3 + 2NO\uparrow + 3S\downarrow + 4H_2O$$

$$3HgS + 2NO_3^- + 12Cl^- + 8H^+ = 3HgCl_4^{2-} + 2NO\uparrow + 3S\downarrow + 4H_2O$$

铜、银、锌、镉、汞除了生成氨配合物外，还可以生成一些重要的配合物。如：相片定影过程的产物$[Ag(S_2O_3)_2]^{3-}$，蓝色的$[Cu(P_2O_7)_2]^{6-}$可用于无氰镀铜，$Zn[Hg(SCN)_4]$白

色沉淀用于 Zn^{2+} 的检出，$Co[Hg(SCN)_4]$ 蓝紫色沉淀用于 Co^{2+} 的检出。而在 Hg^{2+} 溶液中加入 KI 溶液先生成橘红色 HgI_2 沉淀，HgI_2（s）溶于过量的 KI 溶液中生成无色的 $[HgI_4]^{2-}$；Hg_2^{2+} 与 I^- 反应首先生成黄绿色的 Hg_2I_2 沉淀，Hg_2I_2（s）与过量 I^- 反应则发生歧化：

$$Hg_2^{2+}+2I^- = Hg_2I_2(s)$$

$$Hg_2I_2(s)+2I^- = [HgI_4]^{2-}+Hg$$

$K_2[HgI_4]$与 KOH 的混合溶液称为 Nessler(奈斯勒)试剂，用于检查 NH_3 或 NH_4^+ 的存在。

Ag^+ 有较强的氧化性。如果在 $AgNO_3$ 的氨水溶液中加入醛类，如甲醛或葡萄糖，则醛基被氧化为羧基，而银离子被还原为金属银，这个方法可用于制备银镜：

$$2Ag^+ +2NH_3+H_2O = Ag_2O+2NH_4^+$$

$$Ag_2O+4NH_3+H_2O = 2[Ag(NH_3)_2]^+ +2OH^-$$

$$2[Ag(NH_3)_2]^+ +HCHO+2OH^- = 2Ag+HCOONH_4+3NH_3+H_2O$$

酸性条件下 Hg^{2+} 具有较强的氧化性，能把 Zn、Fe、Cu 等氧化。因此 Hg^{2+} 可借与 $SnCl_2$ 反应生成白色 Hg_2Cl_2 沉淀，再转变为灰黑色 Hg 沉淀的反应来鉴定。

碱性条件下，Zn^{2+} 与二苯硫腙形成粉红色螯合物，此反应可用于鉴定 Zn^{2+}：

$$\frac{1}{2}Zn^{2+} + C\begin{matrix}\diagup NH-NH-C_6H_6 \\ =S \\ \diagdown N=N-C_6H_6\end{matrix} \longrightarrow C\begin{matrix}\diagup NH-N-C_6H_6 \\ =S \quad\quad \diagdown Zn/2 \\ \diagdown N=N-C_6H_6\end{matrix}(s)+H^+$$

Cd^{2+} 与 H_2S 反应生成不溶于稀酸的黄色 CdS 沉淀，可以鉴定 Cd^{2+} 的存在。

实验仪器用品和试剂

1. 实验仪器用品：试管、试管架、滴管、洗瓶、玻璃棒、离心管。

2. 试剂：HCl（浓，$6mol \cdot L^{-1}$，$2mol \cdot L^{-1}$）、H_2SO_4（$3mol \cdot L^{-1}$）、HNO_3（浓，$6mol \cdot L^{-1}$，$2mol \cdot L^{-1}$）、HAc（$6mol \cdot L^{-1}$）、NaOH（$6mol \cdot L^{-1}$，$2mol \cdot L^{-1}$）、$NH_3 \cdot H_2O$（$6mol \cdot L^{-1}$，$2mol \cdot L^{-1}$）、$CuSO_4$（$0.1mol \cdot L^{-1}$）、$AgNO_3$（$0.1mol \cdot L^{-1}$）、$ZnSO_4$（$0.1mol \cdot L^{-1}$）、$Cd(NO_3)_2$（$0.1mol \cdot L^{-1}$）、$Hg(NO_3)_2$（$0.1mol \cdot L^{-1}$）、$Hg_2(NO_3)_2$（$0.1mol \cdot L^{-1}$）、$HgCl_2$（$0.1mol \cdot L^{-1}$）、$Na_2S_2O_3$（$0.1mol \cdot L^{-1}$）、$K_4[Fe(CN)_6]$（$0.1mol \cdot L^{-1}$）、Na_2S（$0.1mol \cdot L^{-1}$）、$SnCl_2$（$0.1mol \cdot L^{-1}$）、KI（$2mol \cdot L^{-1}$，$0.1mol \cdot L^{-1}$）、KSCN（饱和）、NH_4Cl（$1mol \cdot L^{-1}$）、二苯硫腙的 CCl_4 溶液、0.1%淀粉溶液。

实验内容

1. 氢氧化物的生成和性质

在六支试管中分别加入 3 滴浓度均为 $0.1mol \cdot L^{-1}$ 的 $CuSO_4$、$AgNO_3$、$ZnSO_4$、$Cd(NO_3)_2$、$Hg(NO_3)_2$、$Hg_2(NO_3)_2$ 溶液，然后分别滴加 $2mol \cdot L^{-1}$ NaOH 溶液，观察实验现象。分别试验沉淀与相应的酸、碱的作用。写出离子反应式。

2. 硫化物的生成和性质

在六支离心管中分别加入 10 滴浓度均为 $0.1mol \cdot L^{-1}$ 的 $CuSO_4$、$AgNO_3$、$ZnSO_4$、$Cd(NO_3)_2$、$Hg(NO_3)_2$、$Hg_2(NO_3)_2$ 溶液，然后分别滴加 $0.1mol \cdot L^{-1}$ Na_2S 溶液，观察

实验现象。离心分离，洗涤沉淀，根据课堂所学到的知识，选择合适的酸将沉淀溶解。记录现象并写出离子反应式。

3.配合物的生成

（1）氨合物

① 在四支试管中分别加入3滴浓度均为 $0.1mol \cdot L^{-1}$ 的 $CuSO_4$、$AgNO_3$、$ZnSO_4$、$Cd(NO_3)_2$ 溶液，然后再逐滴加入 $2mol \cdot L^{-1} NH_3 \cdot H_2O$ 溶液，观察实验现象（若现象不明显，可改为加入 $6mol \cdot L^{-1}$ 的 $NH_3 \cdot H_2O$ 溶液）。写出离子反应式。

② 在一支试管中加入2滴 $0.1mol \cdot L^{-1} HgCl_2$ 溶液，滴加 $6mol \cdot L^{-1} NH_3 \cdot H_2O$，观察实验现象。继续滴加氨水，观察实验现象。然后再滴加 $1mol \cdot L^{-1} NH_4Cl$，充分振荡试管，观察实验现象。写出离子反应式。

（2）其他配体的配合物

① 在试管中滴加3滴 $0.1mol \cdot L^{-1} AgNO_3$ 溶液，逐滴加入 $0.1mol \cdot L^{-1} Na_2S_2O_3$ 溶液，观察实验现象。写出离子反应式。

② CuI的生成和性质　在A、B、C三支离心管中各加入5滴 $0.1mol \cdot L^{-1} CuSO_4$ 溶液，然后滴加 $0.1mol \cdot L^{-1}$ KI溶液至有沉淀生成，观察实验现象。将A、B两支离心管离心，倒出上层清液在另一个试管中，加入1滴淀粉溶液，观察实验现象。将离心管底部的沉淀进行洗涤，一份加入过量 $2mol \cdot L^{-1}$ KI溶液，另一份加入过量饱和KSCN溶液，观察现象。在C离心管中滴加 $0.1mol \cdot L^{-1} Na_2S_2O_3$，观察实验现象。写出上述实验的离子反应式。

4.Cu^{2+}、Ag^{+}、Zn^{2+}、Cd^{2+}、Hg^{2+} 的鉴定

（1）Cu^{2+} 的鉴定　在试管中加入2滴 $0.1mol \cdot L^{-1} CuSO_4$，1滴 $6mol \cdot L^{-1}$ HAc和2滴 $0.1mol \cdot L^{-1} K_4[Fe(CN)_6]$ 溶液，观察实验现象。然后再滴加 $6mol \cdot L^{-1} NH_3 \cdot H_2O$，观察实验现象。写出离子反应式。

（2）Ag^{+} 的鉴定　在试管中加入2滴 $0.1mol \cdot L^{-1} AgNO_3$，然后加入 $2mol \cdot L^{-1}$ HCl至沉淀完全，离心分离，将沉淀洗涤两次，弃去清液。在沉淀中加入 $2mol \cdot L^{-1} NH_3 \cdot H_2O$ 溶液至沉淀溶解，再加入2滴 $0.1mol \cdot L^{-1}$ KI溶液，观察实验现象。写出离子反应式。

（3）Zn^{2+} 的鉴定　在试管中加入2滴 $0.1mol \cdot L^{-1} ZnSO_4$ 溶液，5滴 $6mol \cdot L^{-1}$ NaOH溶液，再加入10滴二苯硫腙的 CCl_4 溶液，振荡试管，观察水层和 CCl_4 层的颜色变化。写出离子反应式。

（4）Cd^{2+} 的鉴定　在点滴板中加入2滴 $0.1mol \cdot L^{-1} Cd(NO_3)_2$ 溶液，再加入1滴 $2mol \cdot L^{-1}$ HCl酸化，然后滴加 $0.1mol \cdot L^{-1} Na_2S$ 溶液，观察实验现象。写出离子反应式。

（5）Hg^{2+} 的鉴定　在试管中加入2滴 $0.1mol \cdot L^{-1} Hg(NO_3)_2$，然后逐滴加入 $0.1mol \cdot L^{-1} SnCl_2$ 溶液，观察实验现象。写出离子反应式。

注意：含镉、汞的溶液均有毒，实验后应倒入回收瓶，不得倒入水槽。

课外拓展

银镜，是玻璃镜子的一种，主要是指背面反射层为白银的玻璃镜子，广泛应用于家具、

工艺品、装饰装修、浴室镜子、化妆镜子、光学镜子，以及汽车后视镜等。银镜的由来是因为银（Ag）化合物的溶液被还原为金属银，生成的金属银附着在容器内壁上光亮如镜而得名。你知道怎么制备银镜吗？请按照下述方案进行实验操作（**查阅文献，注意其制备条件的控制**）：

取一支洁净的试管，加入5滴0.1mol·L^{-1} $AgNO_3$溶液，然后滴加2mol·L^{-1} $NH_3 \cdot H_2O$溶液至析出的沉淀恰好溶解，再加入1mL 10%葡萄糖溶液，在水浴中加热，观察现象，写出反应式（**注意：溶液倒掉后，在试管中加入2mol·L^{-1} HNO_3使银溶解**）。

第9章 综合性实验

实验二十

简单分子结构与晶体结构模型的制作

思考题

1. 试推测下列多原子离子的空间构型：$SnCl_2$、$SbCl_5$、BrF_3、XeF_2、I_3^-、NO_2^+、NO_2^-、CO_3^{2-}、PCl_4^+、PCl_6^-、ICl_4^-。

2. 在 NaCl 型、CsCl 型和立方 ZnS 型离子晶体中，正离子在空间分别构成何种晶格？

3. ⅠA 族金属结构为体心立方堆积，ⅡA 族金属结构为面心立方密堆积或六方密堆积，结构上的差异对它们的密度和硬度有何影响？

实验目的

1. 通过组装一些简单的无机分子或离子的结构模型，加深对原子结构和分子结构理论的理解。

2. 通过组装三种典型离子晶体的结构模型和金属晶体三种密堆积模型，加深对晶体结构理论的理解。

实验原理

1. 简单无机分子或离子的空间构型可以根据价电子对互斥理论进行推测，根据中心原子的价层电子对数目和配位原子的个数可以推测出 AX_m 型共价分子的空间构型，联系中心原子的价层电子对数目，并通过杂化轨道理论对分子的空间构型加以说明。

2. NaCl、CsCl、ZnS 都属于 AB 型离子晶体。在 NaCl 晶体中，Cl^- 形成面心立方晶格，Na^+ 位于 Cl^- 形成的八面体空隙中；在 CsCl 晶体中，Cl^- 形成简单立方晶格，Cs^+ 位于 Cl^- 形成的立方体空隙中；在 ZnS（闪锌矿）晶体中，S^{2-} 形成面心立方密堆积，Zn^{2+} 位于 S^{2-} 形成的四面体空隙中。

3. 在金属晶体中，金属原子采用三种密堆积结构排列：面心立方密堆积、六方密堆积和体心立方堆积。金属原子以 ABAB……方式排列形成六方密堆积，以 ABCABC……方式排列形成面心立方密堆积。面心立方密堆积和六方密堆积结构的空间利用率大于体心立方堆积，具有相对较大的金属键强度。

实验用品

球棒模型（多孔塑料模型球、金属棍）3 套、乒乓球 30 个、双面胶带 1 卷、剪刀 1 把。

实验内容

1. 分子结构模型

利用价电子对互斥理论推测表1中各分子的空间构型，用模型球和金属棍组装出各分子的结构模型，指出各中心原子分别以何种杂化方式成键，填入表1中。

2. 三种典型AB型离子晶体结构模型的组装

用模型球和金属棍组装出NaCl型、CsCl型和立方ZnS型离子晶体的晶胞各一个，并完成表2。

表1　共价分子空间构型练习

分子	中心原子的价层电子数	分子的空间构型	中心原子的轨道杂化方式
$BeCl_2$			
BF_3			
CH_4			
NH_3			
H_2O			
SF_4			
SF_6			
BrF_5			
XeF_4			

表2　离子晶体结构练习

离子晶体结构	负离子的堆积类型	正离子所占空隙	正、负离子的配位比	晶胞中正、负离子的个数
NaCl型				
CsCl型				
立方ZnS型				

3. 金属晶体的密堆积结构模型的组装

用乒乓球代表金属原子，相邻两个乒乓球之间用双面胶带连接，组装出金属晶体的三种密堆积结构，并完成表3。

表3　金属晶体结构练习

金属晶体密堆积类型	金属原子的配位数	晶胞中的原子数	空间利用率
面心立方密堆积			
六方密堆积			
体心立方堆积			

实验二十一

由铬铁矿制取重铬酸钾

思考题

1. 铬酸钠溶液酸化时，如不用乙酸而改用盐酸，可能会产生何种不良影响？
2. 中和除铝时，为何调节 pH＝7～8？pH 过高或过低有什么影响？
3. 用电极电势说明将 Cr(Ⅲ)转变成 Cr(Ⅵ)必须在何种介质(酸性或碱性)中进行。

实验目的

1. 掌握无机物的高温合成、结晶、重结晶等基本操作。
2. 了解由铬铁矿制备重铬酸钾的基本原理与方法。

实验原理

铬铁矿的主要成分为 $Fe(CrO_2)_2$，杂质主要为硅、铁、铝等。利用 Cr(Ⅲ) 化合物在碱性条件下易被氧化为 Cr(Ⅵ) 化合物这一性质，通常先将碳酸钠与铬铁矿粉混合煅烧，利用空气中的氧使铬铁矿中的铬氧化成可溶性的铬酸钠。其反应方程式为：

$$4Fe(CrO_2)_2+7O_2+8Na_2CO_3 = 8Na_2CrO_4+2Fe_2O_3+8CO_2$$

实验室可以用氢氧化钠与碳酸钠的混合物作为熔剂，在较低温度下实现上述反应，若加入少量氧化剂（如硝酸钠等），还可以加速氧化：

$$2Fe(CrO_2)_2+O_2+2Na_2CO_3+7NaNO_3 = 4Na_2CrO_4+Fe_2O_3+2CO_2+7NaNO_2$$

工业生产中常将白云石粉($CaCO_3$、$MgCO_3$)与铬铁矿粉混合，可使反应混合物松散，有利于空气氧化，同时，白云石粉在高温下的分解产物 CaO 和 MgO 可加强反应混合物的碱性，减少杂质(SiO_2、Al_2O_3、Fe_2O_3 等)对 Na_2CO_3 的消耗。

用水浸取熔融物时，大部分铁以 $Fe(OH)_3$ 形式留于残渣中，可过滤除去。再将滤液的 pH 值调节至 7～8，使氢氧化铝和硅酸等产生沉淀。过滤除去沉淀后，将滤液酸化至 pH 值约等于 5，铬酸盐转变为重铬酸盐。因滤液中含有亚硝酸钠，故酸性不能太强，以免 Cr(Ⅵ) 被 NO_2^- 重新还原为 Cr(Ⅲ)。本实验选用 HAc 进行酸化。在溶液中加入 KCl，利用以下复分解反应，可制得重铬酸钾：

$$2KCl+Na_2Cr_2O_7 = 2NaCl+K_2Cr_2O_7$$

因氯化钠的溶解度随温度变化很小，而重铬酸钾的溶解度随温度变化很大（273K 时 4.6g/100g 水，373K 时 94.1g/100g 水），将溶液浓缩后冷却，即有大量重铬酸钾晶体析出，氯化钠仍留在溶液中，实现分离。

实验仪器用品和试剂

1. 实验仪器用品：铁坩埚，坩埚钳，铁搅拌棒，泥三角，三脚架，水浴锅，玻棒，烧杯，蒸发皿，布氏漏斗，吸滤瓶，温度计，量筒，天平，烘箱。

2. 试剂：铬铁矿粉，无水碳酸钠（s），硝酸钠（s），氢氧化钠（s），氯化钾（s），冰醋酸。

实验内容

1. 铬铁矿焙烧氧化

取 3g 碳酸钠和 3g 氢氧化钠于铁坩埚中混合后，用小火加热直至熔融，再称取 4g 铬铁矿粉与 3g 硝酸钠混合均匀，在不断搅拌下将混匀的矿粉分批慢慢加入，以防熔融物喷溅。矿粉加完后，大火灼烧 30～35min，冷却。

2. 浸取熔块除铁杂质

待坩埚冷却至室温附近，加少量去离子水于坩埚中，小火加热至沸，然后快速将溶液与溶渣一起倒入烧杯中，再往坩埚中加水，加热至沸，如此重复操作 3～4 次，直至全部熔块取出（**注意：用水总体积不应超过 50mL**）。将烧杯中的溶液及熔块再加热煮沸 15min，并不断搅拌以加速溶解，稍冷后减压抽滤。残渣用约 10mL 去离子水洗涤，控制溶液总体积为 40mL 左右，收集滤液。

3. 除铝、硅等杂质

用冰醋酸（约 4mL）调节滤液 pH 值至 7～8，加热煮沸并保持一段时间，此时 $Al(OH)_3$ 和硅酸等析出，趁热过滤，残渣用少量去离子水洗涤后弃去。滤液转移至 100mL 蒸发皿中，再用冰醋酸（约 4mL）调节溶液的 pH 值至 5 左右，此时溶液中的铬酸盐转变为重铬酸盐。

4. 浓缩结晶

称取 2.5g 氯化钾加入上述溶液中，置于水浴上加热，并不断搅拌，当溶液表面有少量晶体析出时停止加热。冷却至 15～20℃，即有大量 $K_2Cr_2O_7$ 晶体析出，抽滤（滤液注意回收），用滤纸吸干晶体，称出产品质量。

5. 重结晶

按 1g 重铬酸钾粗产品加 1.5mL 水的比例，将上述重铬酸钾溶于去离子水中，加热使其溶解，趁热过滤（若无不溶性杂质，可不过滤），浓缩，冷却以使其结晶。抽滤，晶体用少量去离子水洗涤一次（滤液注意回收），产品放入 40～50℃的烘箱中烘干，得较纯的重铬酸钾晶体，称重并计算产率。

实验二十二

水热法制备碱式碳酸锌及其热解性质

思考题

1. 对碱式碳酸锌进行热解后测定其红外光谱，并与热解前驱体进行比较，可以得到什么信息？

2. 由碱式碳酸锌获得氧化锌有什么好处？为何不通过制备氢氧化锌前驱体而获得氧化锌？通过查阅文献，进一步了解制备氧化性颗粒的常见锌盐前驱体。

3. 通过 Scherrer 公式计算的粒径是否是产物的真实粒径？为什么？

实验目的

1. 巩固化合物的制备、定量化学分析的基本操作。

2. 掌握确定化合物化学式的基本原理及方法。

3. 学习热重-差热分析、红外光谱分析的操作技术。

实验原理

1. 氧化锌的性质与制备

氧化锌是一种重要的无机功能材料，用途十分广泛。活性氧化锌由于粒度小、比表面积大，所以比普通氧化锌具有更优越的性能。目前活性氧化锌的工业生产主要由碱式碳酸锌热解制得。由于溶液中生成碱式碳酸锌的热力学趋势极大，因此从溶液中得到的通常是非完全晶化的碱式碳酸锌，它的成分和性能主要取决于沉淀条件，并生成不同级别的氧化锌。其制备方法是：将可溶性的锌盐和沉淀剂碳酸盐在溶液中混合便得到氧化锌的前驱体碱式碳酸锌，将洗尽并干燥的碱式碳酸锌热解即得活性氧化锌产品。

反应式为：

$$Zn^{2+} + xCO_3^{2-} + (2-2x)OH^- \longrightarrow Zn(CO_3)_x(OH)_{2-2x} \qquad (0 \leqslant x \leqslant 1)$$

$$Zn(CO_3)_x(OH)_{2-2x} \longrightarrow ZnO + xCO_2 + (1-x)H_2O$$

2. 产物的定性分析

前驱体碱式碳酸锌不同温度下的热解产物采用红外吸收光谱进行定性分析。其组成可通过红外谱图上出现的振动频率和谱带归属进行确定。碱式碳酸锌常见的红外吸收峰如表 1 所示。

表 1　碱式碳酸锌常见红外吸收峰及其谱带归属

频率/cm^{-1}	谱带归属
3430	分子间氢键的 OH 伸缩振动
1635	自由水的 H—O—H 弯曲振动
708、834、1384	CO_3^{2-} 的晶格振动
450	氧化锌的特征吸收峰

3. 产物的定量分析

前驱体碱式碳酸锌的定量分析，采用化学分析方法。通过定量分析可以测定各组成的质量分数，各离子、基团等的个数比，从而确定它的化学式。

结晶水的含量采用重量分析法。将已知质量的碱式碳酸锌在 110℃下干燥脱水，待脱水完全后再进行称量，即可计算出结晶水的质量分数。

锌含量采用 EDTA 滴定法测定。

4. 前驱体的热解性质

热重-差热分析通过对前驱体碱式碳酸锌 TG（热重）曲线的分析，可了解该物质在升温过程中质量的变化情况；通过对 DTA（差热分析）曲线的分析，可了解物质在升温过程中热量（吸热、放热）变化情况。所以对前驱体进行 TG、DTA 分析可测量出失去结晶水的温度、热分解温度及脱水分解反应热量变化的情况，各步骤中失重的数量、含结晶水的个数，对判断前驱体的组成及为下一步确定热解制备氧化锌的温度是非常有用的。

实验仪器用品和试剂

1. 实验仪器用品：电磁搅拌器、电炉、马弗炉、Netsch40PC 微机差热天平、红外光谱仪、吸滤瓶、漏斗、电热干燥箱、干燥器、分析天平、酸式滴定管、烧杯、量筒、30mL 瓷坩埚、温度计。

2. 试剂：$ZnSO_4 \cdot 7H_2O$、NH_4HCO_3、氨-氯化铵缓冲溶液（pH=10）、铬黑 T(0.5%)、氨水(10%)、盐酸($6mol \cdot L^{-1}$)、乙二胺四乙酸二钠(EDTA)标准溶液($0.1mol \cdot L^{-1}$)、无水乙醇。

实验内容

1. 碱式碳酸锌的制备

称取 25.0g $ZnSO_4 \cdot 7H_2O$，放入 100mL 烧杯中，加 55mL 蒸馏水溶解。另称取 NH_4HCO_3 20.0g，放入 150mL 烧杯中加 80mL 蒸馏水使其溶解。然后再取一个 250mL 烧杯，加入 10mL 蒸馏水，放在电磁搅拌器上进行电磁搅拌。用吸管分别取上述 $ZnSO_4$ 溶液和 NH_4HCO_3 溶液同时加入 250mL 的烧杯中进行反应，控制反应混合液的温度为 40～50℃。溶液加完后继续搅拌 10min。将沉淀物进行减压过滤，用蒸馏水洗涤沉淀物，直到用 $2mol \cdot L^{-1}$ 的 $BaCl_2$ 溶液不能检出滤液中含有 SO_4^{2-} 为止。将沉淀物抽干，往沉淀物上滴加无水乙醇约 2mL，再将沉淀物抽干。将沉淀物置于一表面皿中，放入电热干燥箱中于 70℃下干燥 1.5h，取出，将制得的碱式碳酸锌放入干燥器内，冷却后备用。

2. 前驱体碱式碳酸锌的定性分析

将 70℃下干燥的前驱体进行红外光谱分析。取约 0.5g 的前驱体 3 份，分别放入 30mL 的瓷坩埚中，在 150℃、250℃、400℃下热分解 2h 后，放入干燥器内冷却，也作红外光谱分析。比较不同温度下热解产物的红外光谱图。

3. 前驱体碱式碳酸锌组成的定量分析

(1) 结晶水含量的测定　洗净两个称量瓶(记下编号)，置于电热烘箱中于 110℃下干燥 1h，取出，放入干燥器中冷至室温后在分析天平上称量。然后再放入 110℃的电热烘箱中干燥 0.5h，即重复上述干燥—冷却—称量的操作，直至恒重(两次称量相差不超过 0.3mg)为止。

将 0.5～0.6g 于 70℃下干燥了的碱式碳酸锌分别装入上述已恒重的两个称量瓶中，在分析天平上准确称量。在 110℃的电热烘箱中干燥 1h，然后置于干燥器中冷却，至室温后称量。重复上述干燥(0.5h)—冷却—称量操作，直至恒重。根据称量结果计算碱式碳酸锌中结晶水的质量分数。

(2) 锌含量的测定　在分析天平上准确称取 0.25g 碱式碳酸锌样品两份(称准至 0.0002g)，分别放入 250mL 锥形瓶中，用少许蒸馏水湿润，加 2mL 盐酸($6mol \cdot L^{-1}$)至样品溶解，加入 100mL 蒸馏水，用 10%氨水中和至 pH=7～8，加 10mL 氨-氯化铵缓冲溶液(pH=10)，加 5 滴 0.5%铬黑 T 指示液，用 $0.1mol \cdot L^{-1}$ EDTA 标准溶液滴定至溶液由紫色变为纯蓝色，同时做空白试验。根据消耗的 EDTA 标准溶液体积，计算出碱式碳酸锌样品中锌的质量分数。

注意：配 3L 浓度为 $0.1mol \cdot L^{-1}$ 的 EDTA 标准溶液称乙二胺四乙酸二钠 111.67g，用蒸馏水溶解后摇匀，用 800℃下灼烧至恒重的基准氧化锌(0.25g)标定，操作与上述相同。

根据消耗 EDTA 溶液的体积，计算出 EDTA 溶液对锌的滴定度。

4. 碱式碳酸锌的热分析

将碱式碳酸锌进行热重(TG)、差热分析(DTA)，升温速度 $10℃ \cdot min^{-1}$，温度范围由室温至 700℃。根据 TG、DTA 曲线，找出样品显著分解的温度，分解机理，相变情况及完全分解的失重率。再结合前驱体定量分析的结果，推测出碱式碳酸锌的组成。

5. 碱式碳酸锌热解产物的 X 射线衍射分析

将碱式碳酸锌装入 30mL 瓷坩埚内，放入马弗炉中于 450℃下热解 2h，取出，放入干燥器中冷却至室温，即得氧化锌产品。将氧化锌样品进行 X 射线衍射分析。实验操作条件为：Cu 靶($\lambda_{K\alpha}=0.15406Å$，$1Å=0.1nm$)、管电压 35kV、管电流 30mA、扫描速度 $4° \cdot min^{-1}$、扫描角度(2θ)5°～60°。经过自动扫描、信号处理及计算机数据采集、数据处理、打印出衍射图谱，同时打印出各个衍射峰的 d 值以及 I/I_1 值。

将实验得到的各个衍射峰的 d、I/I_1 值，与 PDF 卡中的比较，确定得到的氧化锌所属晶系。由 Scherrer 公式 $D=K\lambda/(\beta\cos\theta)$［其中，$D$ 为粒子直径；$K=0.9$（Scherrer 常数）；$\lambda=0.15406$（X 射线波长）；β 为衍射峰的半峰宽（弧度）；θ 为衍射峰对应的角度］计算出氧化锌的粒径。

实验二十三

由粗铋直接制备高纯氧化铋

思考题

1. 用氨水-碳酸铵中和铋溶液使铋以碳酸氧铋析出时，溶液的 pH 值控制约为 2，pH 值太高或太低对实验结果有何影响？为什么？

2. 氨水-碳酸铵溶液作中和剂及转化剂有何好处？为什么？

3. 将硝酸氧铋转化成碳酸氧铋后再热分解，有何好处？为什么？

实验目的

1. 用不同金属离子水解时所需 pH 值的差异，通过控制沉淀 pH 值实现对杂质离子的分离。

2. 掌握沉淀的转化原理及操作。

3. 掌握高温热分解化合物的操作。

4. 学习或巩固热重分析、差热分析、元素分析的操作技术。

5. 通过综合性实验的基本训练，培养分析与解决较复杂问题的能力。

实验原理

1. 氧化铋的制备

氧化铋是金属铋的主要应用形式之一，它是由精铋作原料经火法或湿法工艺制得的。而含铋大于 99.95%的精铋主要由粗铋经火法精炼得到，但工艺复杂、铋回收率低、成本高。

因此，直接由粗铋制备氧化铋将克服上述方法的缺点。粗铋中铋的含量通常大于97%，主要杂质是铅、铜。首先，将粗铋水淬成粒状后用硝酸溶解，然后利用铋、铜、铅水解时pH值的差异，用氨水-碳酸铵作中和剂将溶液的pH值控制约为2，使铋优先水解析出硝酸氧铋沉淀。而铜、铅等杂质未达到沉淀时所需的pH值留于溶液中，从而实现铋与杂质的分离。再将得到的硝酸氧铋沉淀与氨水-碳酸铵溶液在搅拌下进行转型生成碳酸氧铋，从而消除直接煅烧硝酸氧铋产生的NO_x的污染。将碳酸氧铋沉淀在500～550℃下热分解即得高纯氧化铋产品，其制备流程见图1。

主要反应方程式为：

$$Bi+4HNO_3 \longrightarrow Bi(NO_3)_3+NO\uparrow+2H_2O$$

$$3M+8HNO_3 \longrightarrow 3M(NO_3)_2+2NO\uparrow+4H_2O \qquad (M=Cu,Pb)$$

$$Bi^{3+}+Cl^-+H_2O \longrightarrow BiOCl\downarrow+2H^+$$

$$2BiOCl+(NH_4)_2CO_3 \rightleftharpoons (BiO)_2CO_3+2NH_4Cl$$

$$(BiO)_2CO_3 \xrightarrow{\triangle} Bi_2O_3+CO_2\uparrow$$

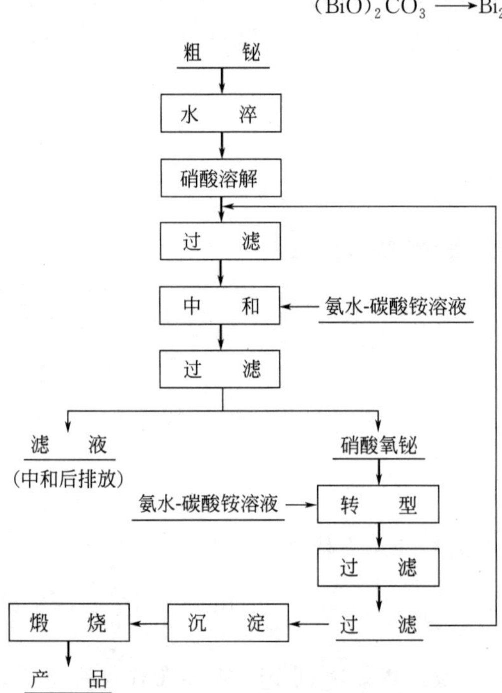

图1　氧化铋制备的工艺流程

2.元素的定量分析

铋、铅离子均可与EDTA生成稳定的螯合物，其lg$K$值分别为28和18。可见，EDTA与铋生成的螯合物比铅要稳定得多。因此，它们滴定所需的酸度相差很大。铋可在酸度为$[H^+]\approx 1mol\cdot L^{-1}$的溶液中，以邻苯二酚紫-二甲酚橙为指示剂直接进行滴定，共存的铅及少量铜不干扰测定，当铜含量较大时可加入硫脲消除干扰。

因共存的铋干扰铅的测定，可将铅沉淀为硫酸铅后消除对滴定铅的干扰，然后用醋酸-醋酸钠溶液(pH=5.5～6)溶解硫酸铅，再以二甲酚橙为指示剂，用EDTA溶液进行滴定。

硝酸溶解液中的铜离子用1%的铜试剂进行显色、经三氯甲烷萃取后，于430nm的波长下比色测定。

产品氧化铋中的杂质采用发射光谱测定。

3.热重-差热分析

通过对碳酸氧铋进行热重-差热分析，了解碳酸氧铋在升温过程中质量的变化及相变情况，为选择最佳的热解温度提供依据。

实验仪器用品和试剂

1.实验仪器用品：pH计、电磁搅拌器、电炉、722型分光光度计、马弗炉、Netsch40PC微机差热天平、发射光谱分析仪、吸滤瓶、漏斗、电热干燥箱、分析天平、酸式滴定管、烧杯、量筒、瓷坩埚、温度计、比色管。

2.试剂：粒状粗铋、光谱纯氧化铋、硝酸(1∶1)、氨水(1∶1)、氨水-碳酸铵溶液

[pH≈9.5，$(NH_4)_2CO_3$ 25%]、乙二胺四乙酸二钠(EDTA)标准溶液($0.1mol \cdot L^{-1}$)、邻苯二酚紫(0.1%)、二甲酚橙(0.1%)、硫脲(饱和)、三氯甲烷、二乙基二硫代氨基甲酸钠(铜试剂)(1%)、浓硫酸、硝酸(4+96)、碳酸氢钠溶液(6%)、酚酞(0.5%乙醇溶液)、柠檬酸铵(20%)。

实验内容

1.硝酸氧铋的制备

称取15.0g粗铋粒，放入250mL烧杯中，加入45mL 1∶1硝酸使其溶解，当剧烈反应结束后，加热使硝酸反应完全，常压过滤，烧杯及滤纸用硝酸（4+96）洗涤，然后用硝酸（4+96）将铋溶液稀释至含铋约为$150g \cdot mL^{-1}$。将滤液在搅拌下用氨水-碳酸铵溶液中和至pH值约为2，停止搅拌，静置20min，过滤，沉淀用pH值为2的硝酸溶液洗涤几次后，再用蒸馏水洗涤2次，抽干。分析滤液中铋的含量，计算铋的沉淀率。

2.硝酸氧铋的转型

将硝酸氧铋沉淀置于150mL烧杯中，加入pH值约为9.5、碳酸铵浓度为25%的氨水-碳酸铵溶液，氨水-碳酸铵溶液的用量按20mL/gBi。在室温下搅拌转化20min，使硝酸氧铋完全转化成碳酸氧铋。得到的碳酸氧铋沉淀经过滤、洗涤、置于烘箱中于100℃下烘1.5h，称重。

3.碳酸氧铋的热性质

将干燥的碳酸氧铋进行热重-差热分析，以确定碳酸氧铋在升温过程中质量的变化及相变情况，从而确定热分解碳酸氧铋制备氧化铋的温度。

4.碳酸氧铋的热分解

将碳酸氧铋装入25mL瓷坩埚，放入马弗炉中于520℃下热分解1.5h，冷却后称重，计算碳酸氧铋热分解的失重率，与热重分析曲线上得到的失重率对照。

氧化铋产品进行发射光谱分析，以确定氧化铋的纯度。

5.元素的定量分析

(1) 铋的分析　移取含铋溶液(Bi<150mg)于300mL的锥形瓶中，加入硝酸（4+96）25mL，水25mL，邻苯二酚紫指示剂1滴，从滴定管中加入EDTA溶液适量（**注意不要加过量**），再慢慢加入碳酸氢钠溶液（6%），溶液由红转蓝紫，再变为纯蓝为止，再加入5mL硫脲饱和溶液。用EDTA标准溶液滴定至溶液由蓝转为红紫色。加入二甲酚橙指示剂1滴后，继续滴定至溶液由紫红色恰变为黄色为终点。按下式计算溶液中铋的含量：

$$Bi(g/L)=1000TV_2/V_1$$

式中，T为EDTA标准溶液对铋的滴定度，g/mL；V_1为所移取的铋溶液体积，mL；V_2为滴定时消耗的EDTA标准溶液体积，mL。

EDTA标准溶液($0.1mol \cdot L^{-1}$)的配制参见相关实验手册。用含铋为99.99%的铋粒进行标定，操作与上述相同。

(2) 粗铋或溶解液中铅的测定　取含铅的铋溶液25mL(或粗铋约3.0g，加15mL

1∶1硝酸溶解）于100mL烧杯中，在搅拌下慢慢加入浓硫酸5mL。放置30min以上，使沉淀完全，过滤，以少量5%稀硫酸溶液洗涤原烧杯及滤纸3～4次。将沉淀连同滤纸放回原烧杯中，加40mL醋酸-醋酸钠缓冲溶液，煮沸5min，稍冷。用水稀释至120mL，加入1滴二甲酚橙指示剂，用EDTA标准溶液滴定，由红色变为纯黄色为终点。

按下式计算溶液中铅的含量：

$$Pb(g/L)=1000TV_2/V_1$$

式中，T 为EDTA标准溶液对铅的滴定度，g/mL；V_1 为所移取的含铅溶液体积，mL；V_2 为滴定时消耗的EDTA标准溶液体积，mL。

EDTA标准溶液对铅的滴定度可由对铋的滴定度换算而得，也可用基准氧化锌标定后换算而得。

（3）氧化铋产品中铅的发射光谱分析

① 铅标准系列的制备　在6个30mL瓷坩埚中分别加入0.5000g光谱纯氧化铋，然后分别加入0、0.2mL、0.4mL、0.6mL、0.8mL、1.0mL浓度为25μg·mL^{-1}的铅标准溶液，使铅溶液中的铅均匀浸入氧化铋中。然后将坩埚置于低温电热板上烘干氧化铋中的水分，再将坩埚置于马弗炉中于500℃下煅烧1.5h，以除去氧化铋标样中的硝酸根。煅烧好了的氧化铋标样置于干燥器中冷却，备用。这样就制得了铅含量分别为：0、10ppm（1ppm＝1×10^{-6}）、20ppm、30ppm、40ppm、50ppm的标准系列。

② 铅的测定　将制得的铅标样和高纯氧化铋样品进行发射光谱测定。选用2833.07Å谱线为铅的特征线谱，测出标样和样品分析线对应的黑度差 ΔS，将标样的黑度差 ΔS 作纵坐标，铅含量的对数（$\lg c$）为横坐标绘制标准曲线，然后由试样分析线对应的黑度差 ΔS 值，从标准曲线上求出氧化铋样品中铅对应的 $\lg c$，再换算成铅的含量 C 值。

（4）铜的测定

① 配制铜标准溶液

配制铜标准溶液（甲）：称取0.1000g纯铜（表面清洁过）于100mL烧杯中，加入1∶1硝酸10mL溶解，加热煮沸赶走氮的氧化物，放冷后移入1000mL容量瓶中，用水稀释至刻度，摇匀，此溶液每毫升含铜0.1mg。

配制铜标准溶液（乙）：取铜标准溶液（甲）10mL，移入200mL容量瓶中，用水稀释至刻度，摇匀。此溶液每毫升含铜5μg。

② 分析步骤　称取2～3g氧化铋，用适量1∶1硝酸溶解（或移取含铜＜25μg的溶液），加入1∶1氨水15mL，用玻璃棒搅拌15min，过滤于100mL烧杯中，滤渣用少量1∶1氨水洗3次，将烧杯置于电炉上煮沸赶去部分氨后，冷却，将溶液移入60mL分液漏斗中，用少许蒸馏水冲洗烧杯内壁3次，洗液也一并移入分液漏斗中，加入20%柠檬酸铵溶液10mL，加入0.5%酚酞指示剂2滴，用1∶1硝酸中和至溶液呈淡红色（pH＝9～10），加入1%铜试剂溶液2mL，加入三氯甲烷10mL，振荡1min，静置分层，将有机相移入25mL比色管中，再往水相中加入1%铜试剂溶液0.5mL，三氯甲烷5mL，振荡1min，直至有机相无黄色为止。合并有机相，以三氯甲烷稀释至刻度，加入少许无水硫酸钠，摇匀。倒出部分溶液于1cm比色槽中，采用430nm波长测定其吸光度值。

分析试样的同时做全流程空白为零点。

③ 标准曲线的绘制　分别吸取铜标准溶液（乙）0、1.0mL、2.0mL、3.0mL、4.0mL、5.0mL 于 6 个 60mL 分液漏斗中，以下操作与上述②相同，以测得的吸光度为纵坐标、铜含量为横坐标，绘制标准曲线，

分析结果按下式计算：

$$Cu(\%) = m \times 100/(G \times 1000)$$

式中，m 为以测得试样的吸光度自标准曲线上查到的铜含量，mg；G 为试样质量，g。

粗铋中的铜也可用硝酸溶解后，用 ICP（电感耦合等离子体原子发射光谱）测定。

实验二十四

三氯化六氨合钴（Ⅲ）的合成与组成测定

思考题

1. 在 $[Co(NH_3)_6]Cl_3$ 的制备过程中，氯化铵、活性炭、过氧化氢各起什么作用？

2. $[Co(NH_3)_6]^{3+}$ 与 $[Co(NH_3)_6]^{2+}$ 比较，哪个稳定？为什么？

3. 根据所得到的晶体场分裂能 Δ_o，与配合物的电子成对能 P（$21000cm^{-1}$）相比，确定 $[Co(NH_3)_6]^{3+}$ 的 6 个 d 电子在八面体场中属于低自旋排布还是高自旋排布。

实验目的

1. 了解三氯化六氨合钴（Ⅲ）的制备原理及其组成的测定方法。

2. 加深理解配合物的形成对三价钴稳定性的影响。

实验原理

1. 配合物的制备

在一般情况下，虽然二价钴盐比三价钴盐要稳定，但是在配合物状态下，三价钴化合物却比二价钴化合物稳定。所以通常可用 H_2O_2 或空气中的氧将二价钴配合物氧化制成三价钴配合物。

本实验是在有活性炭的催化条件下，将氯化钴（Ⅱ）与浓氨水混合，用 H_2O_2 将二价钴配合物氧化成三价钴配合物，并根据其溶解度及平衡移动原理，将其在浓盐酸中结晶析出，而制备出 $[Co(NH_3)_6]Cl_3$ 晶体。涉及的主要反应如下：

$$2CoCl_2 + 2NH_4Cl + 10NH_3 + H_2O_2 = 2[Co(NH_3)_6]Cl_3 + 2H_2O$$

2. 配合物的组成测定

（1）配位数的确定　虽然该配离子很稳定，但是在强碱性介质中煮沸时可分解为氨气和 $Co(OH)_3$ 沉淀。

$$2[Co(NH_3)_6]Cl_3 + 6NaOH = 2Co(OH)_3 + 12NH_3 + 6NaCl$$

（2）外界的确定　通过测定配合物的电导率可确定其电离类型及外界 Cl 的个数，即可确定配合物的组成。

实验仪器用品和试剂

1. 实验仪器用品：分析天平、蒸馏装置、电导率仪、锥形瓶、碘量瓶、滴定管。

2. 试剂：HCl(浓、$0.5mol \cdot L^{-1}$)、浓氨水、NaOH($0.5mol \cdot L^{-1}$)、H_2O_2(6%)、KI 溶液（5%）、$Na_2S_2O_3$（$0.1mol \cdot L^{-1}$）、淀粉溶液（5%）、$AgNO_3$（$0.1mol \cdot L^{-1}$）、K_2CrO_4 溶液（5%）、$CoCl_2 \cdot 6H_2O$（s）、NH_4Cl（s）、乙醇、活性炭。

实验内容

1. 三氯化六氨合钴的制备

取 6g NH_4Cl 溶于 12.5mL 水中，加热至沸，加入 9g 研细的 $CoCl_2 \cdot 6H_2O$ 晶体，溶解后，趁热倾入放有 0.5g 活性炭的锥形瓶中，用流水冷却后，加入 20mL 浓氨水，再冷至10℃以下，用滴管逐滴加 20mL 6% H_2O_2 溶液。水浴加热至 50～60℃，保持 20min，并不断搅拌。然后用冰浴冷却至 0℃左右，抽滤（沉淀不需洗涤）。将沉淀溶于 75mL 沸水中（水中含有 2.5mL 浓 HCl），趁热抽滤，慢慢加入 10mL 浓 HCl 于滤液中，即有大量橘黄色晶体析出，用水浴冷却后过滤，晶体以冷的 $0.5mol \cdot L^{-1}$ HCl 洗涤，再用少许乙醇洗涤，吸干，在水浴上干燥，或在烘箱中于 105℃烘 20min。称量，计算百分产率。

2. 配合物分裂能的测定

在 360～700nm 波长范围内，以去离子水为参比液，测定配合物溶液的吸光度。每个 10nm 波长间隔测一组数据，当出现吸收峰（A 出现极大值）可适当缩小波长间隔，增加测定数据。

以波长 λ 为横坐标，吸光度 A 为纵坐标作图，得到配合物的电子光谱。从电子光谱上确定最大吸收波长峰所对应的波长 λ_{max}，并按下式计算配合物的晶体场分裂能 Δ_o：

$$\Delta_o = \frac{1}{\lambda_{max}} \times 10^7 (cm^{-1})$$

3. 组成测定

产物成分的分析与检验由学生自行查阅文献进行了解。

提示：氯、氨含量用滴定法，钴含量用碘量法，电离类型用电导率法。

实验二十五

混合负离子的分离与鉴定

实验目的

运用所学知识对混合液中常见的负离子进行鉴定。

实验内容

负离子混合液：

(1) 水溶液中 Cl^-、Br^-、I^-、NO_3^- 的检出。

(2) 水溶液中 Cl^-、CO_3^{2-}、PO_4^{3-}、SO_4^{2-} 的检出。

设计提示

常见的负离子有 CO_3^{2-}、NO_3^-、NO_2^-、PO_4^{3-}、S^{2-}、SO_3^{2-}、SO_4^{2-}、Cl^-、Br^-、I^-、$S_2O_3^{2-}$ 等十余种。在碱性溶液中，这些离子可能同时存在。在鉴定一种离子时，其他离子有时会产生干扰，做混合溶液中离子鉴定时必须注意采取措施，以消除干扰。具体鉴定方法参阅附录Ⅶ。

实验二十六
混合正离子的分离与鉴定

实验目的

运用所学知识对混合液中常见的正离子进行分离与鉴定。

实验内容

要求对下列四组混合正离子设计分离与鉴定方案，画出分离示意图，根据可行的方案进行实验，写出实验报告。

1. 水溶液中 Mn^{2+}、Ni^{2+}、Cu^{2+}、Fe^{3+} 的分离与检出。
2. 水溶液中 Pb^{2+}、Ag^+、Zn^{2+}、Cu^{2+} 的分离与检出。
3. 水溶液中 Fe^{3+}、Co^{2+}、Pb^{2+}、Cu^{2+} 的分离与检出。
4. 水溶液中 Ag^+、Cr^{3+}、Fe^{3+}、Cu^{2+} 的分离与检出。

设计提示

应用元素及其化合物的性质，设法将混合溶液中的正离子进行分离与鉴定。离子的鉴定方法参阅附录Ⅶ。

实验二十七
由废铁屑制备三氯化铁试剂

实验目的

运用所学的知识设计从废铁片或铁屑用氯化法来制取三氯化铁试剂，进一步掌握单质铁的还原性，以及有关无机盐制备的一般原理和方法。

实验内容

1. 设计合理的制备路线

$$Fe \longrightarrow FeCl_2 \longrightarrow FeCl_3 \longrightarrow FeCl_3 \cdot 6H_2O$$

2. 确定合适的实验条件。

3. 制取 20g 左右的三氯化铁。

实验提示

1. 三氯化铁是无机化学实验中的重要化学试剂，也是印刷电路的良好腐蚀剂，用途很广。

2. 它可以利用廉价的原料：废边角铁片或铁屑、工业级盐酸、氯气来制取。

3. 铁片或铁屑应尽可能纯些，但有的可能含有少许铜、铅等杂质。

实验二十八

从印刷电路烂版液中制备硫酸铜

实验目的

运用所学的知识设计从废烂版液中回收硫酸铜的方法，进一步掌握 Cu(Ⅱ)的氧化性和单质铜的还原性，巩固有关的分离提纯的基本操作，逐步增强环保及资源充分利用的意识。

实验内容

1. 设计合理的制备路线。

2. 确定合适的实验条件。

3. 制取 20g 左右的硫酸铜。

实验提示

“烂版液”是制印刷电路版时，用三氯化铁腐蚀铜板后所得的废液。通常是由 $FeCl_3$、HCl 与 H_2O_2 组成的混合液，腐蚀反应如下：

$$Cu+2FeCl_3 = 2FeCl_2+CuCl_2$$

$$Cu+H_2O_2+2HCl = CuCl_2+2H_2O$$

反应后的废液，即“烂版液”中含有二氯化铜、二氯化铁以及余下的三氯化铁，是铜盐和铁盐的混合液，一般各组分的浓度为：$FeCl_3$ 2.0～2.5mol·L^{-1}，$FeCl_2$ 2.0～2.5mol·L^{-1}，$CuCl_2$ 1.0～1.3mol·L^{-1}。可作为取样量的参考依据。

“烂版液”的综合利用，既有利于环境保护，又有一定的经济价值。回收铜必须先除 $FeCl_2$ 和 $FeCl_3$。简单的方法是加入铁粉，进行置换，分离后滤渣即得铜和铁粉，再用 6mol·L^{-1} 盐酸浸泡至沉渣无黑色、无气泡放出为止，以除去多余铁粉。浸泡所得铜粉可通过小火烘干（防结块），再在不断搅拌下大火灼烧 20min 左右，使其充分氧化为氧化铜，冷却后，按计量取稀硫酸浸泡氧化铜粉，让其充分反应后即得粗硫酸铜，再进行提纯。所得铜粉还可直接以 6mol·L^{-1} H_2SO_4 和适量浓 HNO_3 混合液浸泡（一般按铜粉计量超 10%加入酸量，且加入等量水稀释后进行浸泡）。其反应如下：

$$Cu+2HNO_3+H_2SO_4 = CuSO_4+2NO_2+2H_2O$$

加入硝酸，使反应易控制且速度加快，但少量硝酸铜要通过重结晶法除去（留在母液中)。此法有二氧化氮放出，反应应在通风橱进行。

"烂版液"一般为绿色或棕色溶液，无浑浊。若有浑浊可滴加 $6mol\cdot L^{-1}$ HCl 至溶液澄清，然后再加铁粉或铁丝（若有油污要预处理除油）进行置换反应。将铜粉分离后的滤液可回收 $FeCl_2$。主要是用铁粉将余下三氯化铁还原，然后加热蒸发浓缩（加铁粉防氧化，防水解即保证在酸性介质中蒸发）结晶。

实验二十九

硫代硫酸钠的制备

实验目的

1. 了解 $Na_2S_2O_3\cdot 5H_2O$ 的性质，掌握 $S_2O_3^{2-}$ 的定性鉴定方法。

2. 了解基于水溶液体系制备 $Na_2S_2O_3\cdot 5H_2O$ 的方法。

实验内容

1. 以 Na_2SO_3 和 S 粉为原料，制备 10g $Na_2S_2O_3\cdot 5H_2O$；计算原料用量。

2. 设计出合理的制备方案，正确选择所用仪器，并用流程图将它们简单表示出来。

3. 方案经指导教师修改后再操作。

4. 计算产率。取少量产品，试验其还原性、不稳定性和配合性，观察现象并写出相应的离子反应方程式。

实验提示

1. $Na_2S_2O_3\cdot 5H_2O$ 的性质

$Na_2S_2O_3\cdot 5H_2O$(俗称海波)是一种易溶于水、难溶于乙醇的无色透明单斜晶体。相对密度 1.729(17℃)，在 33℃ 以上的干燥空气中风化，在 48℃ 分解。它的溶解度随温度下降而降低，如图 1 所示。硫代硫酸钠有强还原性、强络合能力。用作照相定影剂、去氯剂和分析试剂，并用于铬鞣皮革，可用于从矿石中浸出提取金银。遇强酸分解并析出硫和二氧化硫。

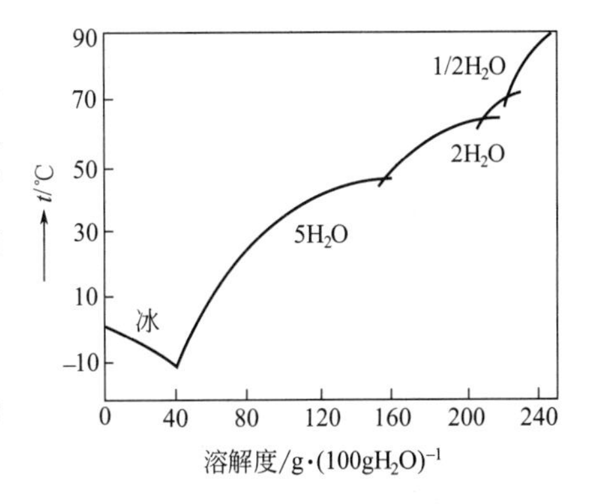

图 1 $Na_2S_2O_3$ 在水中的溶解度

2. 制备方法

可采用以下方法制备硫代硫酸钠，请根据实验条件进行操作。

(1) $Na_2SO_3+S+5H_2O \longrightarrow Na_2S_2O_3\cdot 5H_2O$

(2) $2Na_2S+Na_2CO_3+4SO_2+15H_2O \longrightarrow 3Na_2S_2O_3\cdot 5H_2O+CO_2\uparrow$

附　录

附录Ⅰ　元素的相对原子质量（2021年国际相对原子质量表）

原子序数	名称	元素符号	相对原子质量	原子序数	名称	元素符号	相对原子质量	原子序数	名称	元素符号	相对原子质量
1	氢	H	[1.007 84,1.008 11]	24	铬	Cr	51.9961(6)	47	银	Ag	107.8682(2)
2	氦	He	4.002602(2)	25	锰	Mn	54.9380 43(2)	48	镉	Cd	112.414(4)
3	锂	Li	6.938,6.997	26	铁	Fe	55.845(2)	49	铟	In	114.818(1)
4	铍	Be	9.012 1831(5)	27	钴	Co	58.933 194(4)	50	锡	Sn	118.710(7)
5	硼	B	[10.806,10.821]	28	镍	Ni	58.6934(4)	51	锑	Sb	121.760(1)
6	碳	C	[12.0096,12.0116]	29	铜	Cu	63.546(3)	52	碲	Te	127.60(3)
7	氮	N	[14.006 43,14.007 28]	30	锌	Zn	65.38(2)	53	碘	I	126.904 47(3)
8	氧	O	[15.999 03,15.999 77]	31	镓	Ga	69.723(1)	54	氙	Xe	131.293(6)
9	氟	F	18.998 403 163(6)	32	锗	Ge	72.630(8)	55	铯	Cs	132.905 451 96(6)
10	氖	Ne	20.1797(6)	33	砷	As	74.921 595(6)	56	钡	Ba	137.327(7)
11	钠	Na	22.989 769 28(2)	34	硒	Se	78.971(8)	57	镧	La	138.905 47(7)
12	镁	Mg	[24.304,24.307]	35	溴	Br	[79.901,79.907]	58	铈	Ce	140.116(1)
13	铝	Al	26.981 5385(7)	36	氪	Kr	83.798(2)	59	镨	Pr	140.907 66(1)
14	硅	Si	[28.084,28.086]	37	铷	Rb	85.4678(3)	60	钕	Nd	144.242(3)
15	磷	P	30.973 761 998(5)	38	锶	Sr	87.62(1)	61	钷	Pm	
16	硫	S	[32.059,32.076]	39	钇	Y	88.905 84(2)	62	钐	Sm	150.36(2)
17	氯	Cl	[35.446,35.457]	40	锆	Zr	91.224(2)	63	铕	Eu	151.964(1)
18	氩	Ar	[39.792,39.963]	41	铌	Nb	92.906 37(2)	64	钆	Gd	157.25(3)
19	钾	K	39.0983(1)	42	钼	Mo	95.95(1)	65	铽	Tb	158.925 354(8)
20	钙	Ca	40.078(4)	43	锝	Tc		66	镝	Dy	162.500(1)
21	钪	Sc	44.955 908(5)	44	钌	Ru	101.07(2)	67	钬	Ho	164.930 328(7)
22	钛	Ti	47.867(1)	45	铑	Rh	102.905 49(2)	68	铒	Er	167.259(3)
23	钒	V	50.9415(1)	46	钯	Pd	106.42(1)	69	铥	Tm	168.934 218(6)

续表

原子序数	名称	元素符号	相对原子质量	原子序数	名称	元素符号	相对原子质量	原子序数	名称	元素符号	相对原子质量
70	镱	Yb	173.045(10)	87	钫 *	Fr		104	铲 *	Rf	
71	镥	Lu	174.9668(1)	88	镭 *	Ra		105	𨧀 *	Db	
72	铪	Hf	178.49(2)	89	锕 *	Ac		106	𨭎 *	Sg	
73	钽	Ta	180.947 88(2)	90	钍 *	Th	232.0377(4)	107	𨨏 *	Bh	
74	钨	W	183.84(1)	91	镤 *	Pa	231.035 88(2)	108	𨭆 *	Hs	
75	铼	Re	186.207(1)	92	铀 *	U	238.028 91(3)	109	鿏 *	Mt	
76	锇	Os	190.23(3)	93	镎 *	Np		110	𫟼 *	Ds	
77	铱	Ir	192.217(3)	94	钚 *	Pu		111	𬬭 *	Rg	
78	铂	Pt	195.084(9)	95	镅 *	Am		112	鿔 *	Cn	
79	金	Au	196.966 569(5)	96	锔 *	Cm		113	鿭 *	Nh	
80	汞	Hg	200.592(3)	97	锫 *	Bk		114	𫓧 *	Fl	
81	铊	Tl	[204.382,204.385]	98	锎 *	Cf		115	镆 *	Mc	
82	铅	Pb	207.2(1)	99	锿 *	Es		116	𫟷 *	Lv	
83	铋 *	Bi	208.980 40(1)	100	镄 *	Fm		117	石田 *	Ts	
84	钋 *	Po		101	钔 *	Md		118	氭 *	Og	
85	砹 *	At		102	锘 *	No					
86	氡 *	Rn		103	铹 *	Lr					

注：(1) * 元素没有稳定的同位素，只有放射性同位素。由于在地球上找到了 Bi、Th、Pa 和 U 这四种元素的同位素组成成分，因此它们的相对原子质量列于表格中，而其他 34 种元素的相对原子质量无法测定。

括弧中的数值使该放射性元素已知的半衰期最长的同位素的原子质量数。

(2)由于同位素丰度的变化，有 12 种元素的相对原子质量 $Ar(E)$ 以[a,b]形式进行表达，表示相对原子质量的区间值 $a \leqslant Ar(E) \leqslant b$。

(3)在 72 种元素的相对原子质量 $Ar(E)$ 值的最后一位有效数字的后面，用括号表示其测量的不确定度和可变性的评估。

附录Ⅱ 在不同温度下饱和水蒸气的压力

温度/℃	压力/kPa	温度/℃	压力/kPa	温度/℃	压力/kPa	温度/℃	压力/kPa
0	0.6101						
1	0.6573	26	3.3611	51	12.9589	76	40.1834
2	0.7053	27	3.5650	52	13.6122	77	41.8766
3	0.7586	28	3.7797	53	14.2922	78	43.6364
4	0.8133	29	4.0050	54	14.9988	79	45.4629
5	0.8719	30	4.2423	55	15.7320	80	47.3428
6	0.9346	31	4.4930	56	16.5053	81	49.2893
7	1.0013	32	4.7543	57	17.3052	82	51.3158
8	1.0732	33	5.0303	58	18.1452	83	53.4089
9	1.1479	34	5.3196	59	19.0118	84	55.5688
10	1.2279	35	5.6235	60	19.9184	85	57.8086
11	1.3119	36	5.9408	61	20.8516	86	60.1151
12	1.4026	37	6.2755	62	21.8382	87	62.4882
13	1.4972	38	6.6248	63	22.8515	88	64.9413
14	1.5985	39	6.9914	64	23.9047	89	67.4745
15	1.7052	40	7.3754	65	24.9979	90	70.1009
16	1.8172	41	7.7780	66	26.1445	91	72.8073
17	1.9372	42	8.1993	67	27.3311	92	75.5938
18	2.0638	43	8.6393	68	28.5577	93	78.4735
19	2.1972	44	9.1006	69	29.8242	94	81.4466
20	2.3385	45	9.5832	70	31.1574	95	84.5130
21	2.4865	46	10.0858	71	32.5173	96	87.6728
22	2.6438	47	10.6125	72	33.9439	97	90.9392
23	2.8091	48	11.1604	73	35.4238	98	94.2989
24	2.9838	49	11.7350	74	36.9570	99	97.7520
25	3.1677	50	12.3337	75	38.5435	100	101.325

附录Ⅲ 弱电解质的电离常数（25℃）

化合物名称	电离方程式	K
亚硝酸	$HNO_3 \rightleftharpoons H^+ + NO_2^-$	6.31×10^{-4}
硼酸	$H_3BO_3 \rightleftharpoons H^+ + H_2BO_3^-$	5.8×10^{-10}
草酸	$H_2C_2O_4 \rightleftharpoons H^+ + HC_2O_4^-$	5.4×10^{-2}
	$HC_2O_4^- \rightleftharpoons H^+ + C_2O_4^{2-}$	5.4×10^{-5}
次氯酸	$HOCl \rightleftharpoons H^+ + OCl^-$	2.88×10^{-8}
硅酸	$H_2SiO_3 \rightleftharpoons H^+ + HSiO_3^-$	1.70×10^{-10}
砷酸	$H_3AsO_4 \rightleftharpoons H^+ + H_2AsO_4^-$	6.03×10^{-3}
	$H_2AsO_4^- \rightleftharpoons H^+ + HAsO_4^{2-}$	1.05×10^{-7}
	$HAsO_4^{2-} \rightleftharpoons H^+ + AsO_4^{3-}$	3.15×10^{-12}
亚砷酸	$H_3AsO_3 \rightleftharpoons H^+ + H_2AsO_3^-$	6×10^{-10}
氢氟酸	$HF \rightleftharpoons H^+ + F^-$	6.6×10^{-4}
亚硫酸	$H_2SO_3 \rightleftharpoons H^+ + HSO_3^-$	1.26×10^{-2}
	$HSO_3^- \rightleftharpoons H^+ + SO_3^{2-}$	6.17×10^{-8}

续表

化合物名称	电离方程式	K
氢硫酸	$H_2S \rightleftharpoons H^+ + HS^-$	1.07×10^{-7}
	$HS^- \rightleftharpoons H^+ + S^{2-}$	1.26×10^{-13}
碳酸	$H_2CO_3 \rightleftharpoons H^+ + HCO_3^-$	4.41×10^{-7}
	$HCO_3^- \rightleftharpoons H^+ + CO_3^{2-}$	4.68×10^{-11}
醋酸	$CH_3COOH \rightleftharpoons H^+ + CH_3COO^-$	1.74×10^{-5}
磷酸	$H_3PO_4 \rightleftharpoons H^+ + H_2PO_4^-$	7.08×10^{-3}
	$H_2PO_4^- \rightleftharpoons H^+ + HPO_4^{2-}$	6.30×10^{-8}
	$HPO_4^{2-} \rightleftharpoons H^+ + PO_4^{3-}$	4.17×10^{-13}
氢氰酸	$HCN \rightleftharpoons H^+ + CN^-$	6.17×10^{-10}
氨水	$NH_3 + H_2O \rightleftharpoons NH_4^+ + OH^-$	1.74×10^{-5}

注：本表数据主要取自 Lange's Handbook of Chemistry，12 版，1979。

附录Ⅳ　难溶电解质的溶度积（18～25℃）

物质	溶度积	物质	溶度积
AgBr	5.0×10^{-13}	$PbCl_2$	1.6×10^{-5}
AgCl	1.8×10^{-10}	$PbCrO_4$	2.8×10^{-13}
AgI	8.3×10^{-17}	PbI_2	7.1×10^{-4}
Ag_2CO_3	8.1×10^{-12}	$PbSO_4$	1.6×10^{-8}
Ag_2CrO_4	1.1×10^{-12}	$MgCO_3$	3.5×10^{-8}
AgOH	2.0×10^{-8}	$Mg(OH)_2$	1.8×10^{-11}
Ag_2S	6.3×10^{-50}	$MnCO_3$	1.8×10^{-11}
$BaCO_3$	5.1×10^{-9}	$Mn(OH)_2$	1.9×10^{-13}
$BaC_2O_4\cdot H_2O$	2.3×10^{-8}	MnS(无定形)	2.5×10^{-10}
$BaCrO_4$	1.2×10^{-10}	Mn(晶体)	2.5×10^{-13}
$BaSO_4$	1.1×10^{-10}	Hg_2Cl_2	1.3×10^{-13}
BiOCl	1.8×10^{-31}	Hg_2I_2	4.5×10^{-29}
$CaCO_3$	2.8×10^{-9}	Hg_2SO_4	7.4×10^{-7}
$CaC_2O_4\cdot H_2O$	4×10^{-9}	Hg_2S	1.0×10^{-47}
$CaCrO_4$	7.1×10^{-4}	HgS(黑色)	1.6×10^{-52}
$Ca(OH)_2$	5.5×10^{-6}	$Ni(OH)_2$	2.0×10^{-15}
$CaSO_4$	2.45×10^{-5}	α-NiS	3.2×10^{-19}
$Ca_3(PO_4)_2$	2.0×10^{-29}	β-NiS	1.0×10^{-24}
$Cd(OH)_2$	2.5×10^{-14}	γ-NiS	2.0×10^{-26}
CdS	8.0×10^{-27}	$SrCrO_4$	2.2×10^{-5}
α-CoS	4.0×10^{-21}	$SrSO_4$	3.2×10^{-7}
β-CoS	2.0×10^{-25}	$SrC_2O_4\cdot H_2O$	1.6×10^{-7}
$Cu(OH)_2$	2.2×10^{-20}	$Sn(OH)_2$	1.4×10^{-28}
CuS	6.3×10^{-36}	$Sn(OH)_4$	1.0×10^{-56}
$Fe(OH)_2$	8.0×10^{-16}	SnS	1.0×10^{-25}
FeS	6.3×10^{-18}	$Zn(OH)_2$	1.2×10^{-17}
$Fe(OH)_3$	4×10^{-38}	α-ZnS	1.6×10^{-24}
$PbBr_2$	4.0×10^{-5}	β-ZnS	2.5×10^{-22}

注：本表数据主要取自 Lange's Handbook of Chemistry，12 版，1979。

附录Ⅴ　常用酸碱的浓度

试剂名称	密度/(g·mL^{-1})	物质的量浓度/(mol·L^{-1})	质量分数/%
浓硫酸	1.84	18.0	98
浓盐酸	1.19	12.0	37
浓硝酸	1.40	15.1	68
磷酸	1.70	14.7	85
冰醋酸	1.05	17.4	99
浓氨水	0.90	14.8	28
浓氢氧化钠	1.44	14.4	40

附录Ⅵ　某些试剂的配制

名　称	浓　度	配　制　方　法
三氯化铋 $BiCl_3$	0.1mol·L^{-1}	溶解 31.6g$BiCl_3$ 于 330mL6mol·L^{-1}HCl 中,加水稀释至 1L
硝酸汞 $Hg(NO_3)_2$	0.1mol·L^{-1}	溶解 33.4g$Hg(NO_3)_2 \cdot \frac{1}{2}H_2O$ 于 1L0.6mol·L^{-1}HNO_3 中
硝酸亚汞 $Hg_2(NO_3)_2$	0.1mol·L^{-1}	溶解 56.1g$Hg_2(NO_3)_2 \cdot 2H_2O$ 于 1L0.6mol·L^{-1}HNO_3 中,并加入少许金属汞
硫酸氧钛 $TiOSO_4$	0.1mol·L^{-1}	溶解 19g 液态 $TiCl_4$ 于 220mL1∶1H_2SO_4 中,再用水稀释至 1L(注意:液态 $TiCl_4$ 在空气中强烈发烟,应在通风橱中配制)
钼酸铵 $(NH_4)_6Mo_7O_{24}$	0.1mol·L^{-1}	溶解 124g$(NH_4)_6Mo_7O_{24} \cdot 4H_2O$ 于 0.5L 水中,将所得溶液倒入 0.5L6mol·L^{-1}HNO_3 中,放置 24h,取其澄清液
硫化铵 $(NH_4)_2S$	3mol·L^{-1}	在 200mL 浓氨水中通入 H_2S,直至不再吸收为止。然后加入 200mL 浓氨水,稀释至 1L
氯化氧钒 VO_2Cl		将 1g 偏钒酸铵固体溶于 20mL6mol·L^{-1} 盐酸和 10mL 水中
三氯化锑 $SbCl_3$	0.1mol·L^{-1}	溶解 22.8g$SbCl_3$ 于 330mL6mol·L^{-1}HCl 中,加水稀释至 1L
氯化亚锡 $SnCl_2$	0.1mol·L^{-1}	溶解 22.6g$SnCl_2 \cdot 2H_2O$330mL6mol·L^{-1}HCl 中,加水稀释至 1L,加入数粒纯锡,以防止氧化
氯水		在水中通入氯气直至饱和
溴水		在水中滴入液溴至饱和
碘水	0.1mol·L^{-1}	溶解 2.5g 碘和 3gKI 于尽可能少量的水中,加水稀释至 1L
镁试剂		溶解 0.01g 对硝基苯偶氮间苯二酚于 1L1mol·L^{-1} 氢氧化钠溶液中
淀粉溶液	1%	将 1g 淀粉和少量冷水调成糊状,倒入 100mL 沸水中,煮沸后,冷却
奈斯勒试剂		溶解 115gHgI_2 和 80gKI 于水中,稀释至 500mL,加入 500mL 6mol·L^{-1}NaOH 溶液,静置,取其清液,保存在棕色瓶中
二苯硫腙		溶解 0.1g 二苯硫腙于 1000mLCCl_4 或 $CHCl_3$ 中
铬黑 T		将铬黑 T 和烘干的 NaCl 按 1∶100 的比例研细,均匀混合,贮于棕色瓶中备用
钙指示剂		将钙指示剂和烘干的 NaCl 按 1∶50 的比例研细,均匀混合,贮于棕色瓶中备用
亚硝酰铁氰化钠 $Na_2[Fe(CN)_5NO]$	1%	溶解 1g 亚硝酰铁氰化钠于 100mL 水中,如溶液变成蓝色,即需重新配制(只能保存数天)

续表

名　称	浓　度	配　制　方　法
甲基橙	0.1%	溶解 1g 甲基橙于 1L 热水中
石　蕊	0.5%～1%	将 5～10g 石蕊溶于 1L 热水中
酚　酞	0.1%	溶解 1g 酚酞于 900mL 乙醇与 100mL 水的混合液中
溴化百里酚蓝	0.1%	① 将 1g 指示剂溶于 1L 20%乙醇中 ② 将 100mg 指示剂与 3.2mL 0.05mol·L^{-1}NaOH 一起研匀，用水稀释至 250mL
淀粉-碘化钾		0.5%淀粉溶液中含 0.1mol·L^{-1}KI
钴亚硝酸钠		溶解 230g $NaNO_2$ 于 500mL 水中，加 16.5mL 6mol·L^{-1}HAc 及 30g $Co(NO_3)_2·6H_2O$，静置过夜，取其清液稀释至 1L。此溶液应呈橙色，如果溶液成红色，表示试剂已经分解(不宜保存过久)
二乙酰二肟		取 1g 二乙酰二肟溶于 100mL 95%乙醇中
甲　醛		取 1 份 40%甲醛溶液与 7 份水混合即得
β-萘喹啉	2.5%	将 2.5g β-萘喹啉溶于 50mL 0.5mol·L^{-1} H_2SO_4 中，加水稀释至 100mL
氨基苯磺酸		溶解 3.4g 氨基苯磺酸于 1000mL 2mol·L^{-1}HAc 中
盐　桥		将 2g 琼脂和 30g KCl 加入 100mL 水中，在不断搅拌下，加热溶解，煮沸数分钟，趁热倒入 U 形管中，冷却后即可应用

附录Ⅶ　离子鉴定

一、常见正离子的鉴定

1. NH_4^+

NH_4^+ 与 Nessler 试剂（$K_2[HgI_4]$ +KOH）反应生成红棕色的沉淀：

$$NH_4^+ + 2[HgI_4]^{2-} + 4OH^- \xlongequal{} HgO \cdot HgNH_2I(s) + 7I^- + 3H_2O$$

Nessler 试剂是 $K_2[HgI_4]$ 的碱性溶液，如果溶液中有 Fe^{3+}、Cr^{3+}、Co^{2+} 和 Ni^{2+} 等离子，能与 KOH 反应生成深色的氢氧化物沉淀，因而干扰 NH_4^+ 的测定，为此可改用下述方法：在原试剂中加入 NaOH 溶液，并微热，用滴加 Nessler 试剂的滤纸条检验逸出的氨气，由于 $NH_3(g)$与 Nessler 试剂作用，使滤纸上出现红棕色的斑点。

$$NH_3(g) + 2[HgI_4]^{2-} + 3OH^- \xlongequal{} HgO \cdot HgNH_2I(s) + 7I^- + 2H_2O$$

鉴定步骤：(1) 取 10 滴试液于试管中，加入 NaOH 溶液(2.0mol·L^{-1})使呈碱性，微热，并用滴加 Nessler 试剂的滤纸条检验逸出的气体。如有红棕色斑点出现，则表示有 NH_4^+ 存在。

(2) 取 10 滴试液于试管中，加入 NaOH 溶液(2.0mol·L^{-1})碱化，微热，并用润湿的红色石蕊试纸（或用 pH 试纸）检验逸出的气体，如试纸呈蓝色，表示有 NH_4^+ 存在。

2. K^+

K^+ 与 $Na_3[Co(NO_2)_6]$（俗称钴亚硝酸钠）在中性或稀醋酸介质中反应，生成亮黄色的 $K_2Na[Co(NO_2)_6]$ 沉淀：

$$2K^+ + Na^+ + [Co(NO_2)_6]^{3-} \xlongequal{} K_2Na[Co(NO_2)_6]$$

强酸与强碱均能使之分解，妨碍测定，因此，在鉴定时必须将溶液调节至中性或者微酸性。

NH_4^+ 也能与试剂反应生成橙色$(NH_4)_3[Co(NO_2)_6]$沉淀，故干扰 K^+ 的测定。为此，可在水浴上加热 2min，以使橙色沉淀完全分解。

$$NO_2^- + NH_4^+ = N_2(g) + 2H_2O$$

加热时黄色的 $K_2Na[Co(NO_2)_6]$无变化，从而消除了 NH_4^+ 的干扰。

Cu^{2+}、Fe^{3+}、Co^{2+} 和 Ni^{2+} 等有色离子对鉴定也有干扰。

鉴定步骤：取 3～4 滴试液于试管中，加入 4～5 滴 Na_2CO_3 溶液($0.5mol \cdot L^{-1}$)，加热，使有色离子变为碳酸盐沉淀。离心分离，在清液中加入 HAc 溶液($6.0mol \cdot L^{-1}$)，再加入 2 滴 $Na_3[Co(NO_2)_6]$ 溶液，最后将试管放入沸水浴中加热 2min，若试管中有黄色沉淀，表示有 K^+存在。

3. Na^+

Na^+ 与 $Zn(Ac)_2 \cdot UO_2(Ac)_2$（醋酸铀酰锌）在中性或醋酸酸性溶液中反应，生成淡黄色结晶状醋酸铀酰锌钠沉淀：

$$Na^+ + Zn^{2+} + 3UO_2^{2+} + 8Ac^- + HAc + 9H_2O = NaAc \cdot Zn(Ac)_2 \cdot 3UO_2(Ac)_2 \cdot 9H_2O + H^+$$

在碱性溶液中，$UO_2(Ac)_2$ 可生成$(NH_4)_2U_2O_7$ 或 $K_2U_2O_7$ 沉淀；在强酸性溶液中，醋酸铀酰锌钠沉淀的溶解度增加，因此，鉴定反应必须在中性或微酸性溶液中进行。

其他金属离子有干扰，可加 EDTA 配位掩蔽。

鉴定步骤：取 3 滴试液于试管中，加氨水（$6.0mol \cdot L^{-1}$）中和至碱性，再加 HAc 溶液（$6.0mol \cdot L^{-1}$）酸化，然后加 3 滴 EDTA（饱和）和 6～8 滴醋酸铀酰锌，充分摇荡，放置片刻，若有淡黄色晶状沉淀生成，表示有 Na^+存在。

4. Mg^{2+}

Mg^{2+}与镁试剂Ⅰ（对硝基苯偶氮间苯二酚）在碱性介质中反应，生成蓝色螯合物沉淀：

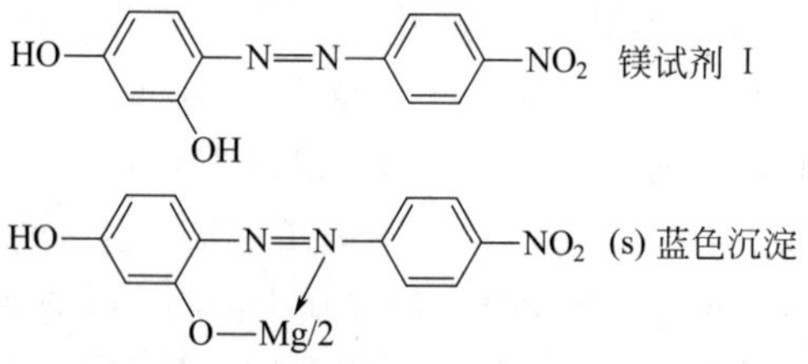

HO—C6H3(OH)—N=N—C6H4—NO_2 镁试剂Ⅰ

HO—C6H3(O—Mg/2)—N=N—C6H4—NO_2 (s) 蓝色沉淀

有些能生成深色氢氧化物沉淀的金属离子对鉴定有干扰，可用 EDTA 配位掩蔽。

鉴定步骤：取 1 滴试液于点滴板上，加 2 滴 EDTA 饱和溶液，搅拌后，加 1 滴镁试剂Ⅰ、1 滴 NaOH 溶液($6.0mol \cdot L^{-1}$)，如有蓝色沉淀生成，表示有 Mg^{2+}存在。

5. Ca^{2+}

Ca^{2+}与乙二醛双缩［2-羟基苯胺］（简称 GBHA）在 pH＝12～12.6 反应生成红色螯合物沉淀：

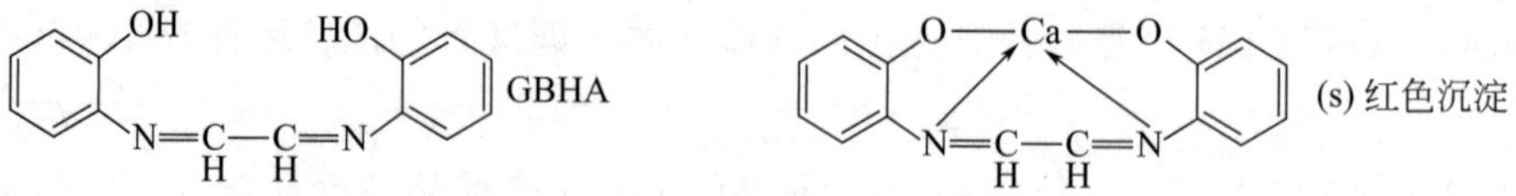

GBHA　　(s) 红色沉淀

沉淀能溶于 $CHCl_3$ 中。Ba^{2+}、Sr^{2+}、Ni^{2+}、Co^{2+}、Cu^{2+} 等与 GBHA 反应生成有色沉淀，但不溶于 $CHCl_3$，故它们对 Ca^{2+}鉴定无干扰，而 Cd^{2+}有干扰。

鉴定步骤：取 1 滴试液于试管中，加入 10 滴 $CHCl_3$，加入 4 滴 GBHA（0.2%）、2 滴 Na_2CO_3 溶液（$1.5mol \cdot L^{-1}$）、2 滴 NaOH 溶液（$6.0mol \cdot L^{-1}$），摇荡试管，如果 $CHCl_3$

层显红色，表示有 Ca^{2+} 存在。

6. Sr^{2+}

由于易挥发的锶盐如 $SrCl_2$ 置于煤气灯氧化焰中灼烧，能产生猩红色火焰，故利用焰色反应鉴定 Sr^{2+}，若试样是不易挥发的 $SrSO_4$，应采用 Na_2CO_3 使它转化为碳酸锶，再加 HCl 使 $SrCO_3$ 转化为 $SrCl_2$。

鉴定步骤：取 4 滴试样于试管中，加入 4 滴 Na_2CO_3 溶液（0.5mol·L^{-1}），在水浴中加热得 $SrCO_3$ 沉淀，离心分离。在沉淀中加 2 滴 HCl 溶液（6.0mol·L^{-1}），使其溶解为 $SrCl_2$，然后用清洁的镍铬丝或铂丝蘸取 $SrCl_2$ 在煤气灯的氧化焰中灼烧，如有猩红色火焰，表示有 Sr^{2+} 存在。

注意：在做焰色反应前，应将镍铬丝或铂丝蘸取浓 HCl 在煤气灯的氧化焰中灼烧，反复数次，直至火焰无色。

7. Ba^{2+}

在弱酸性介质中，Ba^{2+} 与 K_2CrO_4 反应生成红色 $BaCrO_4$ 沉淀：

$$Ba^{2+} + CrO_4^{2-} \longrightarrow BaCrO_4(s)$$

沉淀不溶于醋酸，但可溶于强酸。因此，鉴定反应必须在弱酸中进行。

Pb^{2+}、Hg^{2+}、Ag^+ 等离子也能与 K_2CrO_4 反应生成不溶于醋酸的有色沉淀，为此，可预先用金属锌使 Pb^{2+}、Hg^{2+}、Ag^+ 等还原成金属单质而除去。

鉴定步骤：取 4 滴试样于试管中，加 $NH_3·H_2O$（浓）使呈碱性，再加锌粉少许，在沸水浴中加热 1～2min，并不断搅拌，离心分离。在溶液中加醋酸酸化，加 3～4 滴 K_2CrO_4 溶液，摇荡，在沸水中加热，如有黄色沉淀，表示有 Ba^{2+} 存在。

8. Al^{3+}

Al^{3+} 与铝试剂（金黄色素三羧酸铵）在 pH＝6～7 介质中反应，生成红色絮状螯合物沉淀：

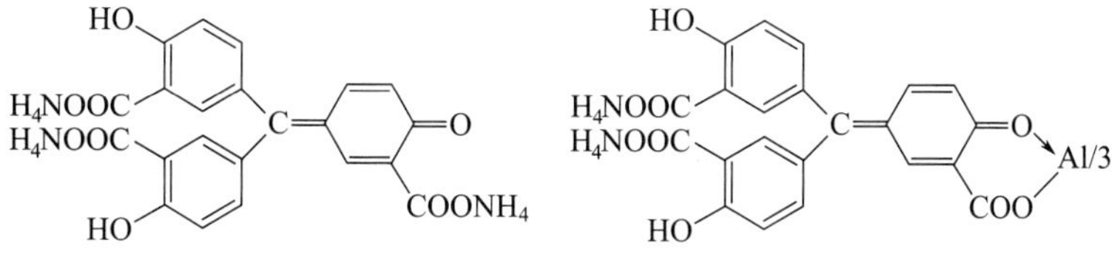

铝试剂　　　　红色沉淀

Cu^{2+}、Bi^{3+}、Fe^{3+}、Cr^{3+}、Ca^{2+} 等干扰反应。Bi^{3+}、Fe^{3+} 可预先加 NaOH 使之生成 $Fe(OH)_3$、$Bi(OH)_3$ 而除去。Cr^{3+}、Cu^{2+} 与铝试剂的螯合物能被 $NH_3·H_2O$ 分解。Ca^{2+} 与铝试剂的螯合物能被 $(NH_3)_2CO_3$ 转化为 $CaCO_3$。

鉴定步骤：取 4 滴试液于试管中，加 NaOH 溶液（6.0mol·L^{-1}）碱化，并过量 2 滴，加 2 滴 H_2O_2（3%），加热 2min，离心分离。用 HAc 溶液（6.0mol·L^{-1}）将溶液酸化，调 pH 值为 6～7，加 3 滴铝试剂，摇荡，放置片刻，加 $NH_3·H_2O$（6.0mol·L^{-1}）碱化，置于水浴上加热，如有橙红色（有 CrO_4^{2-} 存在）物质生成，可离心分离。用去离子水洗沉淀，如沉淀为红色，表示有 Al^{3+} 存在。

9. Sn^{2+}

（1）与 $HgCl_2$ 反应　$SnCl_2$ 溶液中 Sn（Ⅱ）主要以 $SnCl_4^{2-}$ 形式存在。$SnCl_4^{2-}$ 与适量 $HgCl_2$ 反应生成白色 Hg_2Cl_2 沉淀：

$$SnCl_4^{2-} + 2HgCl_2 \xlongequal{} SnCl_6^{2-} + Hg_2Cl_2(s)$$

如果 $SnCl_4^{2-}$ 过量，则沉淀变为灰色，即 Hg_2Cl_2 与 Hg 的混合物，最后变为黑色，即 Hg (s)。

$$SnCl_4^{2-} + Hg_2Cl_2 \xlongequal{} SnCl_6^{2-} + 2Hg(s)$$

加入铁粉，可使许多电极电位大的电对的离子还原为金属，预先分离，从而消除干扰。

鉴定步骤：取 2 滴试液于试管中，加 2 滴 HCl 溶液（6.0mol・L^{-1}），加少许铁粉，在水浴上加热至作用完全，气泡不再发生为止。吸取清液于另一干净试管中，加 2 滴 $HgCl_2$，如有白色沉淀生成，表示有 Sn^{2+} 存在。

(2) 与甲基橙反应　$SnCl_4^{2-}$ 与甲基橙在浓 HCl 介质中加热进行反应，甲基橙被还原为氢化甲基橙而褪色：

$(H_3C)_2N-C_6H_4-N=N-C_6H_4-SO_3Na$　　甲基橙

$(H_3C)_2N-C_6H_4-NH-NH-C_6H_4-SO_3Na$　　氢化甲基橙

鉴定步骤：取 2 滴试液于试管中，加 2 滴浓 HCl 及 1 滴甲基橙（0.01%），加热，如甲基橙褪色，表示有 Sn^{2+} 存在。

10. Pb^{2+}

Pb^{2+} 与 K_2CrO_4 在稀 HAc 溶液中反应生成难溶的 $PbCrO_4$ 黄色沉淀：

$$Pb^{2+} + CrO_4^{2-} \xlongequal{} PbCrO_4(s)$$

沉淀溶于 NaOH 溶液及浓 HNO_3：

$$PbCrO_4(s) + 3OH^- \xlongequal{} Pb(OH)_3^- + CrO_4^{2-}$$

$$2PbCrO_4(s) + 2H^+ \xlongequal{} 2Pb^{2+} + Cr_2O_7^{2-} + H_2O$$

沉淀难溶于稀 HAc、稀 HNO_3 及 $NH_3 \cdot H_2O$。

Ba^{2+}、Bi^{3+}、Hg^{2+}、Ag^+ 等离子在 HAc 溶液中也能与 CrO_4^{2-} 作用生成有色沉淀，所以这些离子的存在对 Pb^{2+} 的鉴定有干扰。可先加入 H_2SO_4 溶液，使 Pb^{2+} 生成 $PbSO_4$ 沉淀，再用 NaOH 溶液溶解 $PbSO_4$，从而使 Pb^{2+} 与其他难溶硫酸盐如 $BaSO_4$、$SrSO_4$ 等分开。

鉴定步骤：取 4 滴试液于试管中，加 2 滴 H_2SO_4 溶液（6.0mol・L^{-1}），加热几分钟，摇荡，使 Pb^{2+} 沉淀完全，离心分离。在沉淀中加入过量 NaOH 溶液（6.0mol・L^{-1}），并加热 1min，使 $PbSO_4$ 转化为 $Pb(OH)_3^-$，离心分离。在清液中加 HAc 溶液（6.0mol・L^{-1}），再加 2 滴 K_2CrO_4 溶液（0.1mol・L^{-1}），如有黄色沉淀，表示有 Pb^{2+} 存在。

11. Bi^{3+}

Bi（Ⅲ）在碱性溶液中能被 Sn（Ⅱ）还原为黑色 Bi：

$$2Bi(OH)_3 + 3[Sn(OH)_4]^{2-} \xlongequal{} 2Bi(s) + 3[Sn(OH)_6]^{2-}$$

鉴定步骤：取 3 滴试液于试管中，加入 $NH_3 \cdot H_2O$(浓)，Bi（Ⅲ）变为 $Bi(OH)_3$ 沉淀，离心分离。洗涤沉淀，以除去可能共存的 Cu（Ⅱ）和 Cd（Ⅱ）。在沉淀中加入少量新配制的 $Na_2[Sn(OH)_4]$ 溶液，如沉淀变黑，表示有 Bi（Ⅲ）存在。

$Na_2[Sn(OH)_4]$ 溶液的配制方法：取几滴 $SnCl_2$ 溶液于试管中，加入 NaOH 溶液至生

成的 $Sn(OH)_2$ 白色沉淀恰好溶解，便得到澄清的 $Na_2[Sn(OH)_4]$ 溶液。

12. Sb^{3+}

Sb（Ⅲ）在酸性溶液中能被金属锡还原为金属锑：

$$2SbCl_6^{3-}+3Sn \xlongequal{} 2Sb(s)+3SnCl_4^{2-}$$

当砷离子存在时，也能在锡箔上生成黑色斑点（As），但 As 与 Sb 不同，当用水洗去锡箔上的酸后加新配制的 NaBrO 溶液则溶解。注意一定要将酸性溶液洗净，否则在酸性条件下，NaBrO 也能使 Sb 的黑色斑点溶解。

Hg_2^{2+}、Bi^{3+} 等离子也干扰 Sb^{3+} 的鉴定，可用 $(NH_4)_2S$ 预先分离。

鉴定步骤：取 6 滴试液于试管中，加 $NH_3 \cdot H_2O$ 溶液（$6.0mol \cdot L^{-1}$）碱化，加 5 滴 $(NH_4)_2S$ 溶液（$0.50mol \cdot L^{-1}$），充分摇荡，于水浴上加热 5min 左右，离心分离。在溶液中加 HCl 溶液（$6.0mol \cdot L^{-1}$）酸化，使呈微酸性，并加热 3～5min，离心分离。沉淀中加 3 滴 HCl（浓），再加热使 Sb_2S_3 溶解。取此溶液滴在锡箔上，片刻锡箔上出现黑斑。用水洗去酸，再加 1 滴新配制的 NaBrO 溶液处理，黑斑不消失，表示有 Sb（Ⅲ）存在。

13. As(Ⅲ)、As(Ⅴ)

砷常以 AsO_3^{3-}、AsO_4^{3-} 形式存在。

AsO_3^{3-} 在碱性溶液中能被金属锌还原为 AsH_3 气体：

$$AsO_3^{3-}+3OH^-+3Zn+6H_2O \xlongequal{} 3Zn(OH)_4^{2-}+AsH_3(g)$$

AsH_3 气体能与 $AgNO_3$ 作用，生成的产物由黄色逐渐变为黑色：

$$6AgNO_3+AsH_3 \xlongequal{} Ag_3As \cdot 3AgNO_3(\text{黄})+3HNO_3$$

$$Ag_3As \cdot 3AgNO_3+3H_2O \xlongequal{} H_3AsO_3+3HNO_3+6Ag(s,\text{黑色})$$

这是鉴定 AsO_3^{3-} 的特效反应，若是 AsO_4^{3-} 应预先用亚硫酸还原。

鉴定步骤：取 3 滴试液于试管中，加 NaOH 溶液（$6.0mol \cdot L^{-1}$）碱化，再加少许 Zn 粒，立刻用一小团脱脂棉塞在试管上部，再用 5% $AgNO_3$ 溶液浸过的滤纸盖在试管口上，置于水浴中加热，如滤纸上 $AgNO_3$ 斑点逐渐变黑，表示有 AsO_3^{3-} 存在。

14. Ti^{4+}

Ti^{4+} 能与 H_2O_2 反应生成橙色的过钛酸溶液：

$$Ti^{4+}+4Cl^-+H_2O_2 \xlongequal{} \left[\begin{array}{l} O \\ \mid \diagdown \\ \mid \quad TiCl_4 \\ \mid \diagup \\ O \end{array}\right]^{2-}+2H^+$$

Fe^{3+}、CrO_4^{2-}、MnO_4^- 等有色离子都干扰 Ti^{4+} 的鉴定，但可用 $NH_3 \cdot H_2O$ 和 NH_4Cl 沉淀 Ti^{4+}，从而与其他离子分离。Fe^{3+} 可加 H_3PO_4 配位掩蔽。

鉴定步骤：取 4 滴试液于试管中，加入 7 滴氨水（浓）和 5 滴 NH_4Cl 溶液（$1.0mol \cdot L^{-1}$），摇荡，离心分离。在沉淀中加 2～3 滴 HCl（浓）和 4 滴 H_3PO_4（浓），使沉淀溶解，再加 4 滴 H_2O_2 溶液（3%），摇荡，如溶液呈橙色，表示有 Ti^{4+} 存在。

15. Cr^{3+}

生成过氧化铬 $CrO(O_2)_2$ 的反应，Cr^{3+} 在碱性介质中可被 H_2O_2 或 Na_2O_2 氧化为 CrO_4^{2-}：

$$2[Cr(OH)_4]^-+3H_2O_2+2OH^- \xlongequal{\triangle} 2CrO_4^{2-}+8H_2O$$

加 HNO_3 酸化，溶液由黄色变为橙色：

$$2CrO_4^{2-} + 2H^+ \rightleftharpoons Cr_2O_7^{2-} + H_2O$$

在含有 $Cr_2O_7^{2-}$ 的酸性溶液中，加戊醇（或乙醚），加少量 H_2O_2，摇荡后戊醇层呈蓝色：

$$Cr_2O_7^{2-} + 4H_2O_2 + 2H^+ = 2CrO(O_2)_2 + 5H_2O$$

蓝色的 $CrO(O_2)_2$ 在水溶液中不稳定。在戊醇中较稳定。溶液酸度应控制在 pH＝2～3，当酸度过大时（pH＜1），则

$$4CrO(O_2)_2 + 12H^+ = 4Cr^{3+} + 7O_2(g) + 6H_2O$$

溶液变为蓝绿色（Cr^{3+} 颜色）。

鉴定步骤：取 2 滴试液于试管中，加 NaOH 溶液（2.0mol・L^{-1}）至生成沉淀又溶解，再多加 2 滴。加 H_2O_2 溶液（3%），微热，溶液呈黄色。冷却后再加 5 滴 H_2O_2 溶液（3%），加 1mL 戊醇（或乙醚），最后慢慢滴加 HNO_3 溶液（6.0mol・L^{-1}），注意，每加 1 滴 HNO_3 都必须充分摇荡。如戊醇层呈蓝色，表示有 Cr^{3+} 存在。

16. Mn^{2+}

Mn^{2+} 在稀 HNO_3 或稀 H_2SO_4 介质中可被 $NaBiO_3$ 氧化为紫红色 MnO_4^-：

$$2Mn^{2+} + 5NaBiO_3(s) + 14H^+ = 2MnO_4^- + 5Bi^{3+} + 5Na^+ + 7H_2O$$

过量的 Mn^{2+} 会将 MnO_4^- 还原为 $MnO(OH)_2(s)$。Cl^- 及其他还原剂存在，对 Mn^{2+} 的鉴定有干扰，因此不能在 HCl 溶液中鉴定 Mn^{2+}。

鉴定步骤：取 2 滴试液于试管中，加 HNO_3 溶液（6.0mol・L^{-1}）酸化，加少量 $NaBiO_3$ 固体，摇荡后，静置片刻，如溶液呈紫红色，表示有 Mn^{2+} 存在。

17. Fe^{2+}

Fe^{2+} 与 $K_3[Fe(CN)_6]$ 溶液在 pH＜7 溶液中反应，生成深蓝色沉淀（滕氏蓝）：

$$xFe^{2+} + xK^+ + x[Fe(CN)_6]^{3-} = [KFe(\text{III})(CN)_6Fe(\text{II})]_x(s)$$

$[KFe(CN)_6Fe]_x$ 沉淀能被强碱分解，生成红棕色 $Fe(OH)_3$ 沉淀。

鉴定步骤：取 1 滴试液于点板上，加 1 滴 HCl 溶液（2.0mol・L^{-1}）酸化，加 1 滴 $K_3[Fe(CN)_6]$ 溶液（0.1mol・L^{-1}），如出现蓝色沉淀，表示有 Fe^{2+} 存在。

18. Fe^{3+}

（1）与 KSCN 或 NH_4SCN 反应　Fe^{3+} 与 SCN^- 在稀酸介质中反应，生成可溶于水的深红色$[Fe(SCN)_n]^{3-n}$ 离子：

$$Fe^{3+} + nNSCN^- \rightleftharpoons [Fe(SCN)_n]^{3-n}\ (n=1\sim6)$$

$[Fe(SCN)_n]^{3-n}$ 能被碱分解，生成红棕色 $Fe(OH)_3$ 沉淀。浓 H_2SO_4 及浓 HNO_3 能使试剂分解：

$$SCN^- + H_2SO_4 + H_2O = NH_4^+ + COS(g) + SO_4^{2-}$$

$$3SCN^- + 13NO_3^- + 10H^+ = 3CO_2(g) + 3SO_4^{2-} + 16NO(g) + 5H_2O$$

鉴定步骤：取 1 滴试液于点板上，加 1 滴 HCl 溶液（2.0mol・L^{-1}）酸化，再加 1 滴 KSCN 溶液（0.1mol・L^{-1}），如溶液显红色，表示有 Fe^{3+} 存在。

（2）与 $K_4[Fe(CN)_6]$ 反应　Fe^{3+} 与 $K_4[Fe(CN)_6]$ 反应生成蓝色沉淀（普鲁氏蓝）：

$$xFe^{3+} + xK^+ + x[Fe(CN)_6]^{4-} = [KFe(\text{III})(CN)_6Fe(\text{II})]_x$$

沉淀不溶于稀酸，但能被浓 HCl 分解，也能被 NaOH 溶液转化为红棕色 $Fe(OH)_3$ 沉淀。

鉴定步骤：取 1 滴试液于点板上，加 1 滴 HCl 溶液（2.0mol・L^{-1}）及 1 滴 $K_4[Fe(CN)_6]$，

如立即生成蓝色沉淀，表示有 Fe^{3+} 存在。

19. Co^{2+}

Co^{2+} 在中性或微酸性溶液中与 KSCN 反应生成蓝色的 $[Co(SCN)_4]^{2-}$：

$$Co^{2+} + 4SCN^- = [Co(SCN)_4]^{2-}$$

该配离子在水溶液中不稳定，但在丙酮溶液中较稳定。Fe^{3+} 的干扰可加 NaF 来掩蔽。大量 Ni^{2+} 存在，溶液呈浅蓝色干扰反应。

鉴定步骤：取 5 滴试液于试管中，加入数滴丙酮，再加少量 KSCN 或 NH_4SCN 晶体，充分摇荡，若上层溶液（丙酮相中）呈鲜艳的蓝色，表示有 Co^{2+} 存在。

20. Ni^{2+}

Ni^{2+} 与丁二肟在弱碱性溶液中反应，生成鲜红色螯合物沉淀：

$$Ni^{2+} + 2\ (H_3C)C{=}N{-}OH\ /\ (H_3C)C{=}N{-}OH + 2NH_3 = Ni(C_4H_7N_2O_2)_2\ (s) + 2NH_4^+$$

（产物结构：两个 $H_3C{-}C{=}N$ 配体以 N 原子与 Ni 配位，O—H…O 氢键连接）

大量的 Co^{2+}、Fe^{2+}、Fe^{3+}、Cu^{2+} 等离子因为与试剂反应生成有色的沉淀，故干扰 Ni^{2+} 的鉴定。可预先分离这些离子。

鉴定步骤：取 5 滴试液于试管中，加入 5 滴氨水（$2.0mol \cdot L^{-1}$）碱化，加丁二肟溶液（1%），若出现鲜红色沉淀，表示有 Ni^{2+} 存在。

21. Cu^{2+}

Cu^{2+} 与 $K_4[Fe(CN)_6]$ 在中性或弱酸性介质中反应，生成红棕色 $Cu_2[Fe(CN)_6]$ 沉淀。

$$2Cu^{2+} + [Fe(CN)_6]^{4-} = Cu_2[Fe(CN)_6](s)$$

沉淀难溶于稀 HCl、HAc 及稀 $NH_3 \cdot H_2O$，但易溶于浓 $NH_3 \cdot H_2O$：

$$Cu_2[Fe(CN)_6](s) + 8NH_3 = 2[Cu(NH_3)_4]^{2+} + [Fe(CN)_6]^{4-}$$

沉淀易被 NaOH 溶液转化为 $Cu(OH)_2$：

$$Cu_2[Fe(CN)_6](s) + 4OH^- = 2Cu(OH)_2 + [Fe(CN)_6]^{4-}$$

Fe^{3+} 干扰 Cu^{2+} 的鉴定，可加 NaF 掩蔽 Fe^{3+}，或加 $NH_3 \cdot H_2O$（$6.0mol \cdot L^{-1}$）及 NH_4Cl（$1.0mol \cdot L^{-1}$）使 Fe^{3+} 生成 $Fe(OH)_3$ 沉淀，将 $Fe(OH)_3$ 完全分离除去，而 Cu^{2+} 生成 $[Cu(NH_3)_4]^{2+}$ 留在溶液中。用 HCl 溶液酸化后，再加 $K_4[Fe(CN)_6]$ 检查 Cu^{2+}。

鉴定步骤：取 1 滴试液于点板上，加 2 滴 $K_4[Fe(CN)_6]$ 溶液（$0.1mol \cdot L^{-1}$），若生成红棕色沉淀，表示有 Cu^{2+} 存在。

22. Zn^{2+}

Zn^{2+} 在强碱性溶液中与二苯硫腙反应生成粉红色螯合物：

$$S{=}C(NH{-}NH{-}C_6H_5)(N{=}N{-}C_6H_5)\ \text{二苯硫腙} \qquad S{=}C(N(H){-}N{-}C_6H_5)(N{=}N{-}C_6H_5),\ S \rightarrow Zn/2\ (s)\ \text{螯合物}$$

生成的螯合物在水溶液中难溶，显粉红色。在 CCl_4 中易溶，显棕色。

鉴定步骤：取 2 滴试液于试管中，加入 5 滴 NaOH 溶液（6.0mol·L^{-1}），加 10 滴 CCl_4，加 2 滴二苯硫腙溶液，摇荡，如水层显粉红色，CCl_4 层由绿色变棕色，表示有 Zn^{2+} 存在。

23. Ag^+

Ag^+ 与稀 HCl 反应生成白色 AgCl 沉淀。AgCl 沉淀能溶于浓 HCl 形成 $[AgCl_2]^-$ 配离子。AgCl 沉淀也能溶于稀 $NH_3 \cdot H_2O$ 形成 $[Ag(NH_3)_2]^+$ 配离子：

$$AgCl(s)+2NH_3 = [Ag(NH_3)_2]^+ + Cl^-$$

利用此反应与其他阳离子氯化物沉淀分离。在溶液中加 HNO_3 溶液，重新得到 AgCl 沉淀：

$$[Ag(NH_3)_2]^+ + Cl^- + 2H^+ = AgCl(s) + 2NH_4^+$$

或者在溶液中加入 KI 溶液，得到黄色 AgI 沉淀。

鉴定步骤：取 5 滴试液于试管中，加入 5 滴 HCl 溶液（2.0mol·L^{-1}），置于水浴上温热，使沉淀聚集，离心分离。沉淀用热的去离子水洗一次，然后加入过量 $NH_3 \cdot H_2O$（6.0mol·L^{-1}），摇荡，若有不溶沉淀物存在时，离心分离。取一部分溶液于试管中，加 HNO_3 溶液（2.0mol·L^{-1}），如有白色沉淀，表示有 Ag^+ 存在。或取一部分溶液于一试管中，加入 KI 溶液（0.1mol·L^{-1}），如有黄色沉淀生成，表示有 Ag^+ 存在。

24. Cd^{2+}

Cd^{2+} 与 S^{2-} 反应生成黄色 CdS 沉淀。沉淀溶于 HCl 溶液（6.0mol·L^{-1}）和稀 HNO_3，但不溶于 Na_2S、$(NH_4)_2S$、NaOH、KCN 和 HAc。

可用控制溶液酸度的方法与其他离子分离并鉴定。

鉴定步骤：取 3 滴试液于试管中，加 10 滴 HCl 溶液（2.0mol·L^{-1}），再加 3 滴 Na_2S 溶液（0.1mol·L^{-1}），可使 Cu^{2+} 沉淀，Co^{2+}、Ni^{2+} 和 Cd^{2+} 均无反应，离心分离。在清液中加 NH_4Ac 溶液（30%），使酸度降低，若有黄色沉淀析出，表示有 Cd^{2+} 存在。在该酸度下，Co^{2+}、Ni^{2+} 不会生成硫化物沉淀。

25. Hg^{2+}、Hg_2^{2+}

（1）Hg^{2+} 能被 Sn^{2+} 逐步还原，最后还原为金属汞，沉淀由白色(Hg_2Cl_2)变为灰色或黑色(Hg)：

$$2HgCl_2 + SnCl_4^{2-} = Hg_2Cl_2(s) + SnCl_6^{2-}$$

$$Hg_2Cl_2 + SnCl_4^{2-} = 2Hg(s) + SnCl_6^{2-}$$

鉴定步骤：取 2 滴试液，加入 2～3 滴 $SnCl_2$ 溶液（0.1mol·L^{-1}），若生成白色沉淀，并逐渐转变为灰色或黑色，表示有 Hg^{2+} 存在。

（2）Hg^{2+} 能与 KI、$CuSO_4$ 溶液反应生成橙红色 $Cu_2[HgI_4]$ 沉淀：

$$Hg^{2+} + 4I^- = [HgI_4]^{2-}$$

$$2Cu^{2+} + 4I^- = 2CuI(s) + I_2$$

$$2CuI(s) + [HgI_4]^{2-} = Cu_2[HgI_4](s) + 2I^-$$

为了除去黄色的 I_2，可用 Na_2SO_3 还原 I_2：

$$SO_3^{2-} + I_2 + H_2O = SO_4^{2-} + 2H^+ + 2I^-$$

鉴定步骤：取 2 滴试液，加 2 滴 KI 溶液（4%）和 2 滴 $CuSO_4$ 溶液，加少量 Na_2SO_3 固体，如生成橙红色 $Cu_2[HgI_4]$ 沉淀，表示有 Hg^{2+} 存在。

（3）Hg_2^{2+}。可将 Hg_2^{2+} 氧化为 Hg^{2+}，再鉴定 Hg^{2+}。

欲将 Hg_2^{2+} 从混合正离子中分离出来，常常加稀 HCl 使 Hg_2^{2+} 生成 Hg_2Cl_2 沉淀。常见

正离子中还有 Ag^+、Pb^{2+} 的氯化物难溶于水。由于 $PbCl_2$ 溶解度较大，可溶于热水，可与 Hg_2Cl_2、AgCl 分离。在 Hg_2Cl_2、AgCl 沉淀中加入 HNO_3 和稀 HCl 溶液，AgCl 不溶解，Hg_2Cl_2 溶解，同时被氧化为 $HgCl_2$，从而使 Hg_2^{2+} 与 Ag^+ 分离开：

$$3Hg_2Cl_2(s)+2HNO_3+6HCl = 6HgCl_2+2NO(g)+4H_2O$$

鉴定步骤：取 3 滴试液于试管中，加入 3 滴 HCl 溶液（2.0mol · L^{-1}），充分摇荡，水浴上加热 1 分钟，趁热分离。沉淀用热 HCl 水［1mL 水加 1 滴 HCl 溶液（2.0mol · L^{-1}）配成］洗两次。于沉淀中加 2 滴 HNO_3（浓）及 1 滴 HCl 溶液（2.0mol · L^{-1}），摇荡，并加热 1 分钟，则 Hg_2Cl_2 溶解，而 AgCl 沉淀不溶解，离心分离。于溶液中加 2 滴 KI 溶液（4%）、2 滴 $CuSO_4$ 溶液（2%）及少量 Na_2SO_3 固体。如生成橙红色 $Cu_2[HgI_4]$ 沉淀，表示有 Hg_2^{2+} 存在。

二、常见负离子的鉴定

1. CO_3^{2-}

将试液酸化后产生的 CO_2 气体导入 $Ba(OH)_2$ 溶液，能使 $Ba(OH)_2$ 溶液变浑浊。

SO_3^{2-} 对 CO_3^{2-} 的检出有干扰，可在酸化前加入 H_2O_2 溶液，使 SO_3^{2-}、S^{2-} 氧化为 SO_4^{2-}：

$$SO_3^{2-}+H_2O_2 = SO_4^{2-}+H_2O$$

$$S^{2-}+4H_2O_2 = SO_4^{2-}+4H_2O$$

鉴定步骤：取 10 滴试液于试管中，加入 10 滴 H_2O_2 溶液（3%），置于水浴上加热 3min，如果检验溶液中无 SO_3^{2-}、S^{2-} 存在时，可向溶液中一次加入半滴管 HCl 溶液（6.0mol · L^{-1}），并立即插入吸有 $Ba(OH)_2$ 溶液（饱和）的带塞滴管，使滴管口悬挂 1 滴溶液，观察溶液是否变浑浊，或者向试管中插入蘸有 $Ba(OH)_2$ 溶液的带塞的镍铬丝小圈，若镍铬小圈上的液膜变浑浊，表示有 CO_3^{2-} 存在。

2. NO_3^-

NO_3^- 与 $FeSO_4$ 溶液在浓 H_2SO_4 介质中反应生成棕色［Fe(NO)］SO_4：

$$6FeSO_4+2NaNO_3+4H_2SO_4 = 3Fe_2(SO_4)_3+2NO(g)+Na_2SO_4+4H_2O$$

$$FeSO_4+NO = [Fe(NO)]SO_4$$

$[Fe(NO)]^{2+}$ 在浓 H_2SO_4 与试液层界面处生成，呈棕色环状，故称“棕色环”法。

Br^-、I^- 及 NO_2^- 等干扰 NO_3^- 的鉴定。加稀 H_2SO_4 及 Ag_2SO_4 溶液，使 Br^-、I^- 生成沉淀后分离出去。在溶液中加入尿素，并微热，可除去 NO_2^-：

$$2NO_2^-+CO(NH_2)_2+2H^+ = 2N_2(g)+CO_2(g)+3H_2O$$

鉴定步骤：取 10 滴试液于试管中，加入 5 滴 H_2SO_4 溶液（2.0mol · L^{-1}），加入 1mL Ag_2SO_4 溶液（0.02mol · L^{-1}），离心分离。在清液中加入少量尿素固体，并微热。在溶液中加入少量 $FeSO_4$ 固体，摇荡溶解后，将试管斜持，慢慢沿试管壁滴入 1mL H_2SO_4（浓）。若 H_2SO_4 层与水溶液层的界面处有“棕色环”出现，表示有 NO_3^- 存在。

3. NO_2^-

（1）NO_2^- 与 $FeSO_4$ 在醋酸介质中反应，生成棕色［Fe(NO)］SO_4：

$$Fe^{2+}+NO_2^-+2HAc = Fe^{3+}+NO(g)+H_2O+2Ac^-$$

$$Fe^{2+}+NO = [Fe(NO)]^{2+}$$

鉴定步骤：取5滴试液于试管中，加入10滴Ag_2SO_4溶液（0.02mol·L^{-1}），若有沉淀生成，离心分离。在清液中加入少量$FeSO_4$固体，摇荡溶解后，加入10滴HAc溶液（2.0mol·L^{-1}），若溶液呈棕色，表示有NO_2^-存在。

（2）NO_2^-与硫脲在稀HAc介质中反应生成N_2和SCN^-：

$$CS(NH_2)_2+HNO_2 = N_2(g)+H^++SCN^-+2H_2O$$

生成的SCN^-在稀HCl介质中与$FeCl_3$反应生成红色$[Fe(SCN)_n]^{3-n}$。

I^-干扰NO_2^-的鉴定，可预先加Ag_2SO_4溶液使I^-生成AgI分离出去。

鉴定步骤：取5滴试液于试管中，加入10滴Ag_2SO_4溶液（0.02mol·L^{-1}），离心分离。在清液中，加入3～5滴HAc溶液（6.0mol·L^{-1}）和10滴硫脲溶液（8%），摇荡，再加5～6滴HCl溶液（2.0mol·L^{-1}）及1滴$FeCl_3$溶液（0.1mol·L^{-1}），若溶液显红色，表示有NO_2^-存在。

4. PO_4^{3-}

PO_4^{3-}与$(NH_4)_2MoO_4$饱和溶液在酸性介质中反应，生成黄色的磷钼酸铵沉淀：

$$PO_4^{3-}+3NH_4^++12MoO_4^{2-}+24H^+ = (NH_4)_3PO_4\cdot 12MoO_3\cdot 6H_2O(s)+6H_2O$$

S^{2-}、$S_2O_3^{2-}$、SO_3^{2-}等还原性离子存在时，能使Mo(Ⅵ)还原成低氧化态化合物。因此，预先加HNO_3，并于水浴上加热，以除去这些干扰离子。

$$SO_3^{2-}+2NO_3^-+2H^+ = SO_4^{2-}+2NO_2(g)+H_2O$$

$$S^{2-}+2NO_3^-+8H^+ = S(s)+2NO(g)+4H_2O$$

$$S_2O_3^{2-}+2NO_3^-+2H^+ = SO_4^{2-}+S(s)+2NO(g)+H_2O$$

鉴定步骤：取5滴试液于试管中，加入10滴HNO_3（浓），并置于沸水浴中加热1～2min，稍冷后，加入20滴$(NH_4)_2MoO_4$饱和溶液，并在水浴上加热至40～50℃，若有黄色沉淀产生，则表示有PO_4^{3-}存在。

5. S^{2-}

S^{2-}与$Na_2[Fe(CN)_5NO]$在碱性介质中反应生成红紫色的$[Fe(CN)_5NOS]^{4-}$：

$$S^{2-}+[Fe(CN)_5NO]^{2-} = [Fe(CN)_5NOS]^{4-}$$

鉴定步骤：取1滴试剂于点滴板上，加1滴$Na_2[Fe(CN)_5NO]$溶液（1%）。若溶液呈红紫色，表示有S^{2-}存在。

6. SO_3^{2-}

在中性介质中，SO_3^{2-}与$Na_2[Fe(CN)_5NO]$、$ZnSO_4$、$K_4[Fe(CN)_6]$三种溶液反应生成红色沉淀，其组成尚不清楚。在酸性溶液中，红色沉淀消失，因此，如溶液为酸性必须用氨水中和。S^{2-}干扰SO_3^{2-}的鉴定，可加入$PbCO_3(s)$使S^{2-}生成PbS沉淀：

$$PbCO_3(s)+S^{2-} = PbS(s)+CO_3^{2-}$$

鉴定步骤：取10滴试剂于试管中，加入少量$PbCO_3(s)$，摇荡，若沉淀由白色变为黑色，则需要再加入少量$PbCO_3(s)$，直到沉淀呈灰色为止。离心分离。保留清液。

在点滴板上加$ZnSO_4$溶液（饱和）、$K_4[Fe(CN)_6]$溶液（0.1mol·L^{-1}）及$Na_2[Fe(CN)_5NO]$溶液（1%）各1滴，加1滴$NH_3\cdot H_2O$溶液（2.0mol·L^{-1}），将溶液调至中性，最后加1滴除去S^{2-}的试液。若出现红色沉淀，表示有SO_3^{2-}存在。

7. $S_2O_3^{2-}$

$S_2O_3^{2-}$与Ag^+反应生成白色$Ag_2S_2O_3$沉淀，但$Ag_2S_2O_3$能迅速分解为Ag_2S（s）和

H_2SO_4，颜色由白色变为黄色、棕色，最后变为黑色：

$$2Ag^+ + S_2O_3^{2-} \longrightarrow Ag_2S_2O_3(s)$$

$$Ag_2S_2O_3(s) + H_2O \longrightarrow H_2SO_4 + Ag_2S(s,黑色)$$

S^{2-} 干扰 $S_2O_3^{2-}$ 的鉴定，必须预先除去。

鉴定步骤：取1滴除去 S^{2-} 的试液于点滴板上，加2滴 $AgNO_3$ 溶液（$0.1mol \cdot L^{-1}$），若见到白色沉淀生成，并很快变为黄色、棕色，最后变为黑色，表示有 $S_2O_3^{2-}$ 存在。

8. SO_4^{2-}

SO_4^{2-} 与 Ba^{2+} 反应生成 $BaSO_4$ 白色沉淀，该沉淀不溶于稀酸中。

CO_3^{2-}、SO_3^{2-} 等干扰 SO_4^{2-} 的鉴定，可先用 HCl 酸化，以除去这些离子。

鉴定步骤：取5滴试液于试管中，加 HCl 溶液（$6.0mol \cdot L^{-1}$）至无气泡产生时，再多加1～2滴。加入1～2滴 $BaCl_2$ 溶液（$1.0mol \cdot L^{-1}$），若有白色沉淀，表示有 SO_4^{2-} 存在。

9. Cl^-

Cl^- 与 Ag^+ 反应生成白色 AgCl 沉淀。

SCN^- 也能与 Ag^+ 生成白色的 AgSCN 沉淀，因此，SCN^- 存在时干扰 Cl^- 的鉴定。在 $NH_3 \cdot H_2O$ 溶液（$2.0mol \cdot L^{-1}$）中，AgSCN 难溶，AgCl 易溶，并生成 $[Ag(NH_3)_2]^+$，由此，可将 SCN^- 分离出去。在清液中加 HNO_3，可降低 NH_3 的浓度，使 AgCl 再次析出。

鉴定步骤：取10滴试液于试管中，加5滴 HNO_3 溶液（$6.0mol \cdot L^{-1}$）和15滴 $AgNO_3$ 溶液（$0.1mol \cdot L^{-1}$），在水浴上加热2min，离心分离。将沉淀用2mL去离子水洗涤2次，使溶液pH值接近中性。加入10滴 $(NH_4)_2CO_3$ 溶液（12%），并在水浴上加热1min，离心分离。在清夜中加1～2滴 HNO_3 溶液（$2.0mol \cdot L^{-1}$），若有白色沉淀生成，表示有 Cl^- 存在。

10. Br^-，I^-

Br^- 与适量 Cl_2 水反应游离出 Br_2，溶液显橙红色，再加入 CCl_4 或 $CHCl_3$，有机相显红棕色，水层无色。再加过量 Cl_2 水，由于生成 BrCl 变为淡黄色：

$$2Br^- + Cl_2 \longrightarrow Br_2 + 2Cl^-$$

$$Br_2 + Cl_2 \longrightarrow 2BrCl$$

I^- 在酸性介质中能被 Cl_2 水氧化为 I_2，I_2 在 CCl_4 或 $CHCl_3$ 中显紫红色。加过量 Cl_2 水，则由于 I_2 继续氧化为 IO_3^- 而使颜色消失：

$$2I^- + Cl_2 \longrightarrow I_2 + 2Cl^-$$

$$I_2 + 5Cl_2 + 6H_2O \longrightarrow 2HIO_3 + 10HCl$$

若向含有 Br^-、I^- 的混合溶液中逐滴加入 Cl_2 水，由于 I^- 的还原性比 Br^- 强，所以 I^- 首先被氧化，析出的 I_2 在 CCl_4 层中显紫红色。如果继续加 Cl_2 水，Br^- 被氧化为 Br_2，I_2 被进一步氧化为 IO_3^-。这时 CCl_4 层紫红色消失，而呈红棕色。如 Cl_2 水过量，则 Br_2 被进一步氧化为淡黄色的 BrCl。

鉴定步骤：取5滴试液于试管中，加1滴 H_2SO_4 溶液（$2.0mol \cdot L^{-1}$）酸化，加1mLCCl_4，加1滴 Cl_2 水，充分摇荡，若 CCl_4 层呈紫红色，表示有 I^- 存在。继续加入 Cl_2 水，并摇荡，若 CCl_4 层紫红色褪去，又呈现出棕黄色或黄色，则表示 Br^- 存在。

附录Ⅷ 常见沉淀物的pH值

（1）金属氢氧化物沉淀的pH值

氢氧化物	开始沉淀时pH值		沉淀完全的pH值（残留浓度小于10^{-5} mol·L^{-1}）	沉淀开始溶解的pH值	沉淀完全溶解的pH值
	初始浓度$[M^{n+}]$				
	1mol·L^{-1}	0.01mol·L^{-1}			
$Sn(OH)_4$	0	0.5	1	13	15
$Sn(OH)_2$	0.9	2.1	4.7	10	13.5
HgO	1.3	2.4	5.0	11.5	—
$Fe(OH)_3$	1.5	2.3	4.1	14	
$Al(OH)_3$	3.3	4.0	5.2	7.8	10.8
$Cr(OH)_3$	4.0	4.9	6.8	12	15
$Be(OH)_2$	5.2	6.2	8.8	—	—
$Zn(OH)_2$	5.4	6.4	8.0	10.5	12～13
Ag_2O	6.2	8.2	11.2	12.7	—
$Fe(OH)_2$	6.5	7.5	9.7	13.5	—
$Co(OH)_2$	6.6	7.6	9.2	14.1	—
$Ni(OH)_2$	6.7	7.7	9.5	—	—
$Cd(OH)_2$	7.2	8.2	9.7	—	—
$Mn(OH)_2$	7.8	8.8	10.4	14	—
$Mg(OH)_2$	9.4	10.4	12.4	—	—
$Pb(OH)_2$		7.2	8.7	10	13
$Ce(OH)_4$		0.8	1.2	—	—
$Th(OH)_4$		0.5			—
H_2WO_4		～0	～0	—	—
H_2MoO_4				～8	～9
稀土		6.8～8.5	～9.5	—	—

（2）沉淀金属硫化物的pH值

pH值	被H_2S所沉淀的金属
1	Cu、Ag、Hg、Pb、Bi、Cd、Rh、Pd、Os、As、Au、Pt、Sb、Ir、Ge、Se、Te、Mo
2～3	Zn、Ti、In、Ga
5～6	Co、Ni
>7	Mn、Fe

（3）在溶液中硫化物能沉淀时的盐酸最高酸度

硫化物	盐酸浓度/mol·L^{-1}	硫化物	盐酸浓度/mol·L^{-1}
Ag_2S	12	PbS	0.35
HgS	7.5	SnS	0.30
CuS	7.0	ZnS	0.02
Sb_2S_3	3.7	CoS	0.001

续表

硫化物	盐酸浓度/mol·L^{-1}	硫化物	盐酸浓度/mol·L^{-1}
Bi_2S_3	2.5	NiS	0.001
SnS_2	2.3	FeS	0.0001
CdS	0.7	MnS	0.00008

附录Ⅸ 常见离子和化合物的颜色

一、离子

1.无色离子

阳离子：Na^+、K^+、NH_4^+、Mg^{2+}、Ca^{2+}、Sr^{2+}、Ba^{2+}、Al^{3+}、Sn^{2+}、Sn^{4+}、Pb^{2+}、Bi^{3+}、Ag^+、Zn^{2+}、Cd^{2+}、Hg_2^{2+}、Hg^{2+}。

阴离子：BO_2^-、$B_4O_7^{2-}$、$C_2O_4^{2-}$、Ac^-、CO_3^{2-}、SiO_3^{2-}、NO_3^-、NO_2^-、$H_2PO_2^-$、HPO_3^{2-}、PO_3^-、PO_4^{3-}、$P_2O_7^{4-}$、$H_2AsO_3^-$、AsO_4^{3-}、$[SbCl_6]^{3-}$、$[SbCl_6]^-$、$[Sb(OH)_6]^-$、SO_3^{2-}、SO_4^{2-}、S^{2-}、$S_2O_3^{2-}$、$S_2O_8^{2-}$、F^-、Cl^-、Br^-、I^-、CN^-、SCN^-、OCN^-、$[CuCl_2]^-$、TiO^{2+}、VO_3^-、VO_4^{3-}（或很淡的黄色）、MoO_4^{2-}、WO_4^{3-}。

2.有色离子

$[Cu(H_2O)_4]^{2+}$（浅蓝色）、$[CuCl_4]^{2-}$（黄色）、$[Cu(NH_3)_4]^{2+}$（深蓝色）、$[Ti(H_2O)_6]^{3+}$（紫红色）、$[TiCl(H_2O)_5]^{2+}$（绿色）、$[TiO(H_2O_2)]^{2+}$（中等酸度下呈橘黄色，在强酸溶液中呈红色）、$[V(H_2O)_6]^{2+}$（紫色）、$[V(H_2O)_6]^{3+}$（绿色）、VO^{2+}（蓝色）、VO_2^+（浅黄色）、$[VO_2(O_2)_2]^{3-}$（在弱碱性、中性或弱酸性时生成，呈黄色）、$[V(O_2)]^{3+}$（在强酸性时生成，呈红棕色或深红色）、$[Cr(H_2O)_6]^{2+}$（蓝色）、$[Cr(H_2O)_6]^{3+}$（紫色）、$[Cr(H_2O)_5Cl]^{2+}$（浅绿色）、$[Cr(H_2O)_4Cl_2]^+$（暗绿色）、$[Cr(NH_3)_2(H_2O)_4]^{3+}$（紫红色）、$[Cr(NH_3)_3(H_2O)_3]^{3+}$（浅红色）、$[Cr(NH_3)_4(H_2O)_2]^{3+}$（橙红色）、$[Cr(NH_3)_5(H_2O)]^{3+}$（橙黄色）、$[Cr(NH_3)_6]^{3+}$（黄色）、$[Cr(OH)_4]^-$（亮绿色）、$CrO_4^{2-}$（黄色）、$Cr_2O_7^{2-}$（橙色或橙红色）、$[Mn(H_2O)_6]^{2+}$（肉色或桃红色）、$MnO_4^{2-}$（绿色）、$MnO_4^-$（紫红色）、$[Fe(H_2O)_6]^{2+}$（浅绿色）、$[Fe(H_2O)_6]^{3+}$ {pH＝0时呈淡紫色，酸度降低时，水解生成$[Fe(H_2O)_5OH]^{2+}$，呈黄色；进一步水解生成$[Fe(H_2O)_4(OH)_2]^+$，呈黄棕色；当pH＝2～3、浓度＞1mol·L^{-1}时，因水解生成双聚离子呈黄色或黄褐色；在Cl^-浓度较大而且酸度也较大时，Fe^{3+}不水解，生成$[FeCl_4]^-$而呈黄棕色}、$[Fe(CN)_6]^{4-}$（黄色）、$[Fe(CN)_6]^{3-}$（橘黄色或土黄色）、$[Fe(SCN)_n]^{3-n}$（n＝1～6，血红色）、$[Co(H_2O)_6]^{2+}$（粉红色）、$[Co(NH_3)_6]^{2+}$（黄色或橙黄色）、$[Co(NH_3)_6]^{3+}$（棕褐色）、$[CoCl(NH_3)_5]^{2+}$（红紫色）、$[Co(NH_3)_5(H_2O)]^{3+}$（粉红色）、$[Co(NH_3)_4CO_3]^+$（紫红色）、$[Co(CN)_6]^{3-}$（紫色）、$[Co(SCN)_4]^{2-}$（蓝色）、$[Ni(H_2O)_6]^{2+}$（苹果绿色）、$[Ni(NH_3)_4]^{2+}$（蓝色）、$[Ni(CN)_4]^{2-}$（黄色）、$[Fe(NO)(H_2O)_5]^{2+}$（棕色）、$[Fe(CN)_5(NO)]^{3-}$（红色）、

$[Fe(CN)_5(NOS)]^{4-}$（紫红色，S^{2-}定性鉴别的产物）、I_3^-（棕黄色）。

二、化合物

1. 氧化物

Na_2O 白色　K_2O 淡黄　Rb_2O 亮黄　Cs_2O 橙红

BeO、MgO、CaO、SrO、BaO 均为白色粉末

Al_2O_3 白色粉末（γ-型）　SnO_2 白色粉末　PbO_2 棕褐色粉末（或暗褐色）　Pb_3O_4 鲜红（俗称红丹、铅丹、红铅）　Pb_2O_3 橙色　PbO 黄色（黄丹、密陀僧）　As_2O_3 白色粉末（砒霜）　Sb_2O_3 白色粉末（锑白）　Bi_2O_3 黄色粉末（热时红棕色）　As_2O_5 白色粉末　Sb_2O_5 淡黄色粉末　TiO_2 白色粉末（钛白粉）　VO 亮灰色　V_2O_3 黑色　VO_2 深蓝色　V_2O_5 橙黄色（颗粒较粗大的可呈深红至暗红色）　CrO_3 暗红色晶体（铬酐）　Cr_2O_3 绿色粉末（铬绿）　MoO_2 铅灰色　MoO_3 白色粉末（热时呈黄色）WO_2 棕红色　WO_3 深黄色粉末（热时呈橙黄色）　MnO_2 在溶液中析出呈棕色（实际为 $MnO_2 \cdot nH_2O$），脱水后为黑色粉末　Mn_2O_7 棕色油状液体（或黄绿色油装液体）0℃下稳定，室温即爆炸式分解

Cu_2O 暗红色粉末（因颗粒大小不同还可呈黄色、橘黄色、红色、深棕色等）

CuO 黑色粉末　Ag_2O 棕色（或暗棕色）　ZnO 白色粉末（锌白）　Hg_2O 黑褐色

HgO 溶液中析出的细小颗粒为黄色，粗大颗粒的呈鲜红色　CdO　棕灰色

FeO 黑色　Fe_2O_3 砖红（铁红）　Fe_3O_4 黑色（微带蓝色）（铁黑）　CoO 灰绿　Co_2O_3 暗褐色　Co_3O_4 黑色　$Co_2O \cdot nH_2O$ 暗褐色　NiO 暗绿　Ni_2O_3 黑色　$Ni_2O_3 \cdot 2H_2O$ 灰黑色　NO 无色气体，在空气中迅速变为红棕色　NO_2、N_2O_4 无色双聚分子

2. 氢氧化物、碱式盐、酰基盐

（1）颜色

s 区：LiOH　$Be(OH)_2$　$Mg(OH)_2$

p 区：$Al(OH)_3$　$Sn(OH)_2$　$Pb(OH)_2$　$Sn(OH)_4$　$Sb(OH)_3$　$Sb(OH)_5$　$Bi(OH)_3$

以上主族元素的氢氧化物颜色均为白色。

d 区：$Cr(OH)_3$　灰绿色（也有资料称灰蓝色、葱绿色）

$Mn(OH)_2$ 白色　$Fe(OH)_2$ 白色　$Fe(OH)_3$ 红棕色

$Co(OH)_2$ 粉红色　[Co(OH) Cl↓浅蓝色]　$Co(OH)_3$ 棕色（或棕褐色）

$Ni(OH)_2$ 苹果绿　$Ni(OH)_3$ 黑色　CuOH 黄色

$Cu(OH)_2$ 浅蓝色（或天蓝色）　$Zn(OH)_2$ 白色　$Cd(OH)_2$ 白色

注：由于 AgOH 和 $Hg(OH)_2$ 极不稳定，是以 Ag_2O 棕色（或暗棕色）和 HgO 黄色存在。

（2）沉淀性质

① 典型两性

$Be(OH)_2$　$Al(OH)_3$　$Sb(OH)_3$　$Sn(OH)_2$　$Pb(OH)_2$　$Cr(OH)_3$　$Zn(OH)_2$

这些氢氧化物可溶于稀酸和过量的 $2mol \cdot L^{-1}$ NaOH 中，其中只有 $Cr(OH)_3$ 在过量碱中生成亮绿色 $Cr(OH)_4^-$，其他均生成无色的羟基配离子。

② 微弱两性

$Sn(OH)_4$ 需溶于浓碱，生成无色 $Sn(OH)_6^{2-}$

$Sb(OH)_5$ 溶于浓 KOH 溶液，生成无色的 $K[Sb(OH)_6]$

$Cu(OH)_2$ 需溶于浓碱，生成深蓝色 $Cu(OH)_4^{2-}$

③ 溶于氨水　一些氢氧化物沉淀因形成氨配合物而可溶于氨水。

$Co(OH)_2 \rightarrow [Co(NH_3)_6]^{2+}$ 土黄色（或橙黄色）在空气中很快被氧化为Co(Ⅲ)

$Co(OH)_3 \rightarrow [Co(NH_3)_6]^{3+}$ 棕褐色（或橙红色）

$Ni(OH)_2 \rightarrow [Ni(NH_3)_4]^{2+}$ 蓝色（或蓝紫色）氨浓度高时可形成 $[Ni(NH_3)_6]^{2+}$

$Cu(OH)_2 \rightarrow [Cu(NH_3)_4]^{2+}$ 深蓝色

$Ag_2O \rightarrow [Ag(NH_3)_2]^{+}$ 无色

$Zn(OH)_2 \rightarrow [Zn(NH_3)_4]^{2+}$ 无色

$Cd(OH)_2 \rightarrow [Cd(NH_3)_4]^{2+}$ 无色

HgO 黄色↓需在浓氨水及 NH_4^+ 存在条件下，才能生成 $[Hg(NH_3)_4]^{2+}$ 无色

$Cr(OH)_3$ 灰绿色↓需在液氨条件下才容易生成 $[Cr(NH_3)_6]^{3+}$ 黄色

④ 易被空气氧化

$Mn(OH)_2$ 白色↓ $+O_2 \longrightarrow MnO(OH)_2$ 棕色↓（或写成 $MnO_2 \cdot H_2O$↓）

$Fe(OH)_2$ 白色↓ $+O_2 \longrightarrow$ 经过 $Fe_3(OH)_8$(灰绿色至灰黑色)至 $Fe(OH)_3$ 红棕色↓

$Co(OH)_2$ 粉红色↓ $+O_2 \longrightarrow Co(OH)_3$ 棕褐色↓

$Sn(OH)_2$ 白色↓ $+O_2 \longrightarrow Sn(OH)_4$ 白色↓

⑤ 碱式盐或酰基盐沉淀　部分高价金属离子发生部分水解，析出难溶的碱式盐或酰基盐沉淀，例如：

$$Sn^{2+} + Cl^- + H_2O \longrightarrow Sn(OH)Cl\downarrow \text{白色} + H^+$$

$$Sb^{3+} + Cl^- + H_2O \longrightarrow SbOCl\downarrow \text{白色} + 2H^+$$

$$Bi^{3+} + Cl^- + H_2O \longrightarrow BiOCl\downarrow \text{白色} + 2H^+$$

$$\text{或 } Bi^{3+} + NO_3^- + H_2O \longrightarrow BiONO_3\downarrow \text{白色} + 2H^+$$

3.盐类

(1) 硫酸盐及常见硫的含氧酸盐

① 可溶性盐

Na_2SO_4 白色晶体　$Na_2SO_4 \cdot 7H_2O$ 白色晶体　$Na_2SO_4 \cdot 10H_2O$ 无色晶体　K_2SO_4 无色晶体　Na_2SO_3 白色晶体或粉末　$Na_2SO_3 \cdot 7H_2O$ 无色晶体　$NaHSO_3$ 白色晶体(溶液中呈黄色)　$Na_2S_2O_3$ 无色晶体　$Na_2S_2O_3 \cdot 5H_2O$ 无色晶体　$KHSO_4$ 无色晶体 $CoSO_4$ 暗蓝色晶体　$CoSO_4 \cdot 6H_2O$ 红色色晶体　$FeSO_4 \cdot 7H_2O$(绿矾)浅绿色晶体　$(NH_4)_2SO_4 \cdot FeSO_4 \cdot 6H_2O$(摩尔盐)绿色晶体　$Fe_2(SO_4)_3$ 黄色晶体　$Fe_2(SO_4)_3 \cdot 9H_2O$ 黄色晶体　$NH_4Fe(SO_4)_2 \cdot 12H_2O$ 紫色晶体　$Al_2(SO_4)_3$ 白色粉末 $Al_2(SO_4)_3 \cdot 18H_2O$ 无色晶体　$KAl(SO_4)_2 \cdot 12H_2O$(明矾)无色晶体　$CuSO_4$ 淡绿色或白色晶体　$CuSO_4 \cdot 5H_2O$(胆矾)蓝色晶体　$Cr_2(SO_4)_3$ 紫色或红色粉末　$Cr_2(SO_4)_3 \cdot 18H_2O$ 蓝紫色晶体　$KCr(SO_4)_2 \cdot 12H_2O$(铬钾矾)紫红色晶体　$(NH_4)_2SO_4$ 无色晶体　$ZnSO_4$ 无色晶体　$ZnSO_4 \cdot 7H_2O$(皓矾)无色晶体　$MnSO_4$ 微红色晶体　$MnSO_4 \cdot 7H_2O$ 红色晶体　$MgSO_4$ 无色晶体　$MgSO_4 \cdot 7H_2O$(泻盐)无色晶体　$NiSO_4$ 黄色晶体　$NiSO_4 \cdot 7H_2O$(碧矾)绿色晶体

② 难溶性盐

$BaSO_4$、$PbSO_4$、Ag_2SO_4 均为白色↓

$[Fe(NO)]SO_4$ 深棕色　$Cu_2(OH)_2SO_4$ 浅蓝色

(2) 碳酸盐

钾、钠、铵的盐易溶，为白色（无水盐）或无色晶体（含结晶水）

$BaCO_3$、$SrSO_4$、$CaCO_3$、$MgCO_3$、$ZnCO_3$、Hg_2SO_4、$AgCO_3$、$Zn_2(OH)_2CO_3$、$Bi(OH)CO_3$、$2PbCO_3 \cdot Pb(OH)_2$（铅白）等在水中析出均为白色沉淀。

$CuCO_3$ 蓝色　$Cu_2(OH)_2CO_3$（孔雀石）蓝绿色或暗绿色（铜绿）

$MnCO_3$ 白色或浅玫瑰色（在空气中久置呈棕色）　$NiCO_3$ 浅绿色晶体

$Hg_2(OH)_2CO_3$ 红褐色　$Co_2(OH)_2CO_3$ 红色　$Ni_2(OH)_2CO_3$ 浅绿色

碳酸盐沉淀均可溶于强酸如盐酸和硝酸中。

(3) 铬酸盐

① 难溶盐

$BaCrO_4$ 黄色（柠檬黄）　$PbCrO_4$ 黄色　Ag_2CrO_4 砖红色

$FeCrO_4 \cdot 2H_2O$ 黄色

$PbCrO_4$ 可溶于浓强碱，而 $BaCrO_4$ 不溶，两者以此相区别。

② 易溶盐

K_2CrO_4 黄色晶体　$K_2Cr_2O_7$ 橙红色晶体（红矾）

$(NH_4)_2Cr_2O_7$ 橙红色晶体　$Na_2Cr_2O_7 \cdot 2H_2O$ 橙红色晶体（红矾钠）

(4) 卤化物

① 氯化物

a. 易溶盐

$CuCl_2$ 棕色　$CuCl_2 \cdot 2H_2O$ 蓝色　$HgCl_2$(升汞)无色晶体

$AuCl_3$ 酒红色晶体　$FeCl_2$ 绿黄色晶体　$FeCl_2 \cdot 2H_2O$ 绿色晶体

$FeCl_2 \cdot 4H_2O$ 蓝绿色晶体　$FeCl_3$ 黑褐色晶体　$FeCl_3 \cdot 6H_2O$ 棕黄色晶体

$CrCl_3$ 紫色晶体　$NiCl_2$ 黄色晶体　$NiCl_2 \cdot 6H_2O$ 绿色晶体

$CoCl_2$ 蓝色晶体　$CoCl_2 \cdot 6H_2O$ 粉红色晶体　$TiCl_2$ 浅棕黑色（易潮解和分解）

$TiCl_3$ 暗紫色晶体　$TiCl_3 \cdot 6H_2O$ 紫色或绿色晶体　$MnCl_2$ 淡红色晶体

$MnCl_2 \cdot 4H_2O$ 玫瑰色晶体

b. 难溶盐

$PbCl_2$、Hg_2、Cl_2、AgCl、CuCl、$Hg(NH_2)Cl$、Hg_2Cl_2（甘汞）均为白色沉淀。

② 溴化物

AgBr 淡黄色　AgBr 浅黄色　$CuBr_2$ 黑紫色

③ 碘化物

AgI 黄色　HgI_2 橘红色（溶于过量 KI 中形成无色 $[HgI_4]^{2-}$）　Hg_2I_2 黄褐色

PbI_2 金黄色（溶于过量 KI 生成无色 $[PbI_4]^{2-}$）　CuI 白色　SbI_3 红黄色

BiI_3 绿黑色　TiI_4 暗棕色

(5) 硫化物

① 一般金属硫化物

可溶于稀酸：MnS 肉红色　ZnS 白色　FeS 黑色　NiS 黑色　CoS 黑色

不溶于稀酸，可溶于浓盐酸：CdS 黄色　PbS 黑色　SnS 棕色　SnS_2 金黄色

不溶于浓盐酸，可溶于硝酸：CuS 黑色　Cu_2S 黑色　Ag_2S 黑色

不溶于硝酸，可溶于王水：HgS 黑色（尚可溶于 Na_2S 生成无色 HgS_2^{2-}）

（注意：天然产的稳定晶型的辰砂矿是红色。）

② 砷、锑、铋的硫化物

As_2S_3 黄色　酸性及还原性不溶于浓盐酸，可溶于 NaOH、Na_2S、Na_2S_2

As_2S_5 黄色(稍淡)　酸性不溶于浓盐酸，可溶于 NaOH、Na_2S

Sb_2S_3 橙色　两性偏碱及还原性　可溶于浓盐酸（H_3SbCl_6）、NaOH、Na_2S、Na_2S_2

（注意：天然产的稳定晶型的矿物是黑色。）

Sb_2S_5 橙红色　两性偏酸有一定氧化性　可溶于浓盐酸、NaOH、Na_2S，在盐酸中溶解的同时，将氧化 S^{2-} 而析出 S，而本身还原为 Sb(Ⅲ)，以 H_3SbCl_6 形式存在。(粗大的稳定晶型 Sb_2S_5 呈红色，俗名锑红)

Bi_2S_3 棕黑色　碱性　可溶于浓盐酸，不溶于 NaOH、Na_2S、Na_2S_2

(6) 卤酸盐

$Ba(IO_3)_2$ 白色　$AgIO_3$ 白色　$AgBrO_3$ 白色　$KClO_4$ 白色

(7) 磷酸盐

$Ca_3(PO_4)_2$ 白色　$CaHPO_4$ 白色　$Ba_3(PO_4)_2$ 白色　$FePO_4$ 浅黄色

Ag_3PO_4 黄色　$MgNH_4PO_4$ 白色

(8) 硅酸盐

$BaSiO_3$ 白色　$CuSiO_3$ 蓝色　$CoSiO_3$ 紫色　$Fe_2(SiO_3)_3$ 棕红色

$MnSiO_3$ 肉色　$NiSiO_3$ 翠绿色　$ZnSiO_3$ 白色

(9) 草酸盐

CaC_2O_4 白色　$Ag_2C_2O_4$ 白色　$FeC_2O_4 \cdot 2H_2O$ 黄色

(10) 类卤化合物

AgCN 白色　$Ni(CN)_2$ 浅绿色　$Cu(CN)_2$ 浅棕黄色　CuCN 白色

AgSCN 白色　$Cu(SCN)_2$ 墨绿色　$[Fe(SCN)_n]^{3-n}$（易溶）血红色

4. 其他一些有特征颜色物质

$MgNH_4AsO_4$ 白色　Ag_3AsO_4 红褐色　$Cu_2[Fe(CN)_6]$ 红褐色

$KFe[Fe(CN)_6]$（普鲁士蓝、滕氏蓝均为同一构型物）蓝色　$Ag_3[Fe(CN)_6]$ 橙色

$K_2Fe[Fe(CN)_6]$ 白色（可被空气氧化）　$Fe[Fe(CN)_6]$ 棕褐色

$Zn_3[Fe(CN)_6]_2$ 黄褐色　$Co_2[Fe(CN)_6]$ 绿色　$Ag_4[Fe(CN)_6]$ 白色

$Zn_2[Fe(CN)_6]$ 黄色　$K_2Na[Co(NO_2)_6]$ 黄色　$K_3[Co(NO_2)_6]$ 黄色

$(NH_4)_2Na[Co(NO_2)_6]$ 黄色　$Na[Sb(OH)_6]$ 白色　$KHC_4H_4O_6$ 白色

$NaAc \cdot Zn(Ac)_2 \cdot 3[UO_2(Ac)_2] \cdot 9H_2O$ 黄色（可用于 Na^+ 定性鉴别）

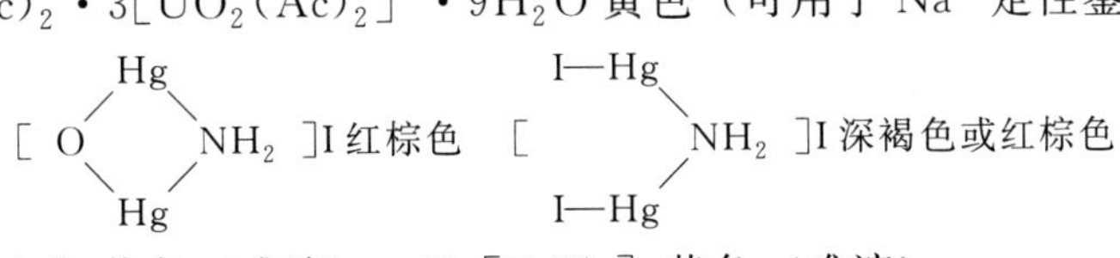

$(NH_4)_2[PtCl_6]$ 黄色（难溶）　$K_2[PtCl_6]$ 黄色（难溶）

可溶性物：

$H_2[PtCl_6] \cdot 6H_2O$ 橙红色晶体　$Na_2[PtCl_6] \cdot 6H_2O$ 橙红色晶体

$Hg(NO_3)_2 \cdot \frac{1}{2}H_2O$ 无色晶体　$Hg_2(NO_3)_2 \cdot 2H_2O$ 无色晶体

$KMnO_4$ 深紫色有光泽晶体（水溶液呈紫红色）　K_2MnO_4 暗绿色晶体

Cl_2 黄绿色气体 Br_2 红棕色液体 I_2 紫黑色有光泽晶体（溶解在 CCl_4 中呈紫色，而溶解在乙醇中呈棕色或红棕色；遇淀粉变蓝色）

附录X 常见物质的俗名和别名

类别	俗名和别名	主要化学成分
钠的化合物	小苏打、焙烧苏打、重碱	$NaHCO_3$
	苏打、碱面	Na_2CO_3
	口碱、晶碱	$Na_2CO_3 \cdot 10H_2O$
	苛性钠、火碱、烧碱	$NaOH$
	天然碱石	$Na_2CO_3 \cdot NaHCO_3 \cdot H_2O$
	芒硝、皮硝、朴硝、马牙硝	$Na_2SO_4 \cdot 10H_2O$
	无水芒硝、元明粉、玄明粉、烤硝	Na_2SO_4
	钠硝石、智利硝石	$NaNO_3$
	钠矾、铝钠矾	$NaAl(SO_4)_2 \cdot 12H_2O$
	山柰	$NaCN$
	食盐	$NaCl$
钾的化合物	钾碱、草碱	K_2CO_3
	苛性钾	KOH
	硝石、钾硝石、火硝、土硝	KNO_3
	钾石盐	$KCl \cdot NaCl$
铵的化合物	碳铵、臭起子	NH_4HCO_3
	硝铵	NH_4NO_3
	硫铵	$(NH_4)_2SO_4$
	硇砂、盐脑、电气药粉	NH_4Cl
	安福粉	$NH_4H_2PO_4(75\%)+(NH_4)_2HPO_4(25\%)$
镁的化合物	苦土、烧苦土	MgO
	菱苦土矿	$MgCO_3$
	泻盐、泻利盐、苦盐	$MgSO_4 \cdot 7H_2O$
	卤盐	$MgCl_2$
钙的化合物	生石灰	CaO
	熟石灰、硝石灰	$Ca(OH)_2$
	漂白粉	$Ca(ClO)_2+CaCl_2 \cdot Ca(OH)_2 \cdot H_2O$
	漂粉精	$Ca(ClO)_2$
	大理石、方解石、石灰石、白垩	$CaCO_3$
	白云石	$CaCO_3 \cdot MgCO_3$
	萤石、氟石	CaF_2
	钙硝石、石灰硝石、挪威硝石	$Ca(NO_3)_2$
	生石膏、石膏	$CaSO_4 \cdot 2H_2O$
	熟石膏、烧石膏、煅石膏、雪花石膏	$2CaSO_4 \cdot H_2O$
	硬石膏、无水石膏	$CaSO_4$
	石灰氮	$CaCN_2$
	醋石	$Ca(CH_3COO)_2$
	普钙	$Ca(H_2PO_4)_2+CaSO_4 \cdot 2H_2O$
	重钙	$Ca(H_2PO_4)_2$
	电石	CaC_2
锶的化合物	天青石	$SrSO_4$
	锶垩石	$SrCO_3$

续表

类别	俗名和别名	主要化学成分
钡的化合物	钡白	$BaSO_4$
	锌钡白、立德粉	$ZnS \cdot BaSO_4$
	重晶石	$BaSO_4$
	毒重石、钡垩石	$BaCO_3$
硼的化合物	硼砂、西月石	$Na_2B_4O_7 \cdot 10H_2O$
	镁硼石	$Mg_3(BO_3)_2$
	硼镁石	$2MgO \cdot B_2O_3 \cdot H_2O$
铝的化合物	银粉、铝粉	Al
	矾土	Al_2O_3
	水铝石	$Al_2O_3 \cdot H_2O$
	水铝氧	$Al_2O_3 \cdot 3H_2O$
	刚玉、刚石、白玉	Al_2O_3
	钾明矾、明矾	$KAl(SO_4)_2 \cdot 12H_2O$
	枯矾、烧明矾	$KAl(SO_4)_2$
	铵矾、铵铝矾	$NH_4Al(SO_4)_2 \cdot 12H_2O$
	冰晶石	Na_3AlF_6
硅的化合物	石英、马牙石	SiO_2
	水晶	SiO_2
	玛瑙	SiO_2
	白炭黑	$SiO_2 \cdot nH_2O$
	硅胶	$mSiO_2 \cdot nH_2O$
	泡花碱、水玻璃	Na_2SiO_3（或 $Na_2 \cdot mSiO_2$）
锡的化合物	锡石	SnO_2
铅的化合物	黄丹、密陀僧	PbO
	铅丹、红丹、红铅	Pb_3O_4
	铅矾	$PbSO_4$
	铅白、白铅粉	$2PbCO_3 \cdot Pb(OH)_2$
	铅糖	$Pb(CH_3COO)_2 \cdot 3H_2O$
	方铅矿	PbS
砷的化合物	白砒、砒霜、砷华、信石	As_2O_3
	雄黄、雄精、鸡冠石	As_4S_4
	雌黄、砒黄	As_2S_3
	毒砂	FeAsS
锑的化合物	锑白、锑氧、锑华	Sb_2O_3 或 Sb_4O_6
	锑红	Sb_2S_5
	锑黄	$Pb_3(SbO_4)_2$
	吐酒石	$2K(SbO)C_4H_4O_6 \cdot H_2O$
	辉锑矿	Sb_2S_3
硫的化合物	保险粉	$Na_2S_2O_4 \cdot 2H_2O$
	大苏打、海波	$Na_2S_2O_3 \cdot 5H_2O$
	硫化碱、臭碱	$Na_2S \cdot 9H_2O$
	硫钡粉	$BaS \cdot Sx$
铜的化合物	金粉、铜粉	Cu 和少量 Zn、Al、Sn 的合金粉
	赤铜矿	Cu_2O
	辉铜矿	Cu_2S
	王铜	$CuCl_2 \cdot 3Cu(OH)_2$
	胆矾、蓝矾、铜矾、胆石	$CuSO_4 \cdot 5H_2O$
	铜绿、石绿、孔雀石	$Cu(OH)_2 \cdot CuCO_3$
	蓝铜矿	$2CuCO_3 \cdot Cu(OH)_2$

续表

类别	俗名和别名	主要化学成分
锌的化合物	蓝粉	Zn
	锌白、锌氧粉	ZnO
	锌黄、锌铬黄	$ZnCrO_4$
	锌矾、皓矾	$ZnSO_4 \cdot 7H_2O$
	炉甘石	$ZnCO_3$
	菱锌矿	$ZnCO_3$
	闪锌矿	ZnS
镉的化合物	镉红	CdS、$CdSe$、$BaSO_4$ 混合组成
	镉黄	CdS 为主，掺有 $BaSO_4$ 混合组成
汞的化合物	甘汞、低汞	Hg_2Cl_2
	升汞、高汞	$HgCl_2$
	朱砂、辰砂、丹砂、银朱	HgS
	三仙丹	HgO
	雷汞	$Hg(ONC)_2$
钛的化合物	钛白粉	TiO_2
	金红石	TiO_2
	钛铁矿	$FeTiO_3$
铁的化合物	铁丹、铁红、土铁、铁朱、赭石	Fe_2O_3
	铁黄(氧化铁黄)	$Fe_2O_3 \cdot xH_2O$
	铁黑(氧化铁黑)	Fe_3O_4
	赤铁矿	Fe_2O_3
	褐铁矿	$2Fe_2O_3 \cdot 3H_2O$
	磁铁矿	Fe_3O_4
	菱铁矿	$FeCO_3$
	黄铁矿、硫铁矿	FeS_2
	白铁矿	FeS_2
	绿矾、皂矾、苦矾	$FeSO_4 \cdot 7H_2O$
	铁矾、钾铁矾	$KFe(SO_4)_2 \cdot 12H_2O$
	亚铁矾、钾亚铁矾	$K_2Fe(SO_4)_2 \cdot 6H_2O$
	铵铁矾	$NH_4Fe(SO_4)_2 \cdot 12H_2O$
	铵亚铁矾、莫尔盐(摩尔盐)	$(NH_4)_2Fe(SO_4)_2 \cdot 6H_2O$
	黄血盐	$K_4[Fe(CN)_6]$
	赤血盐	$K_3[Fe(CN)_6]$
	赤血盐钠	$Na_3[Fe(CN)_6]$
钴的化合物	钴华	$Co(AsO_4)_2 \cdot 8H_2O$
	钴蓝	$Co(AlO_2)_2$
	赤矾、碧矾	$CoSO_4 \cdot 7H_2O$
镍的化合物	红镍矿	$NiAs$
	硫铁镍矿	$(NiFe)S$
	镍矾	$NiSO_4 \cdot 7H_2O$ 或 $NiSO_4 \cdot 6H_2O$
铬的化合物	铬黄、铅铬黄	$PbCrO_4$
	铬红	$PbCrO_4 \cdot PbO$
	铬矾、钾铬矾	$KCr(SO_4)_2 \cdot 12H_2O$
	铵铬矾	$NH_4Cr(SO_4)_2 \cdot 12H_2O$
	红矾	$K_2Cr_2O_7$
	红矾钠	$Na_2Cr_2O_7$

续表

类别	俗名和别名	主要化学成分
锰的化合物	软锰矿 菱锰矿 锰矾 灰锰氧	MnO_2 $MnCO_3$ $MnSO_4 \cdot 7H_2O$ $KMnO_4$
钼的化合物	辉钼矿	MoS_2
钨的化合物	白钨矿 黑钨矿	$CaWO_4$ $FeWO_4$ 和 $MnWO_4$
其他	沼气、坑气 电石气 福尔马林 蚁酸 火棉 电木 电玉	CH_4 C_2H_2 HCHO40%水溶液 HCOOH 纤维素硝酸酯 酚醛塑料和填料 脲醛塑料和填料

参考文献

[1] 广西大学化学化工学院化学教研室.大学无机化学实验.北京：化学工业出版社，2013.
[2] 宋天佑，程鹏，王杏乔.无机化学（上册).北京：高等教育出版社，2004.
[3] 宋天佑，徐家宁，程功臻.无机化学（下册).北京：高等教育出版社，2004.
[4] 华彤文.陈景祖，等.普通化学原理.3版.北京：北京大学出版社，2005.
[5] 黄可龙.无机化学.北京：科学出版社，2007.
[6] 武汉大学，吉林大学，等.无机化学.3版.北京：高等教育出版社，1994.
[7] 浙江大学普通化学教研组.普通化学.5版.北京：高等教育出版社，2004.
[8] 大连理工大学无机化学教研室.无机化学.5版.北京：高等教育出版社，2006.
[9] 吴文伟.无机化学.北京：国防工业出版社，2009.
[10] 古凤才.基础化学实验教程.3版.北京：科学出版社，2010.
[11] 华东理工大学无机化学教研组.无机化学实验.4版.北京：高等教育出版社，2007.
[12] 北京师范大学无机化学教研室.无机化学实验.3版.北京：北京师范大学出版社，2001.
[13] 展海军，李建讳.无机及分析化学实验.郑州：郑州大学出版社，2007.
[14] 毛海荣，无机化学实验.南京：东南大学出版社，2006.
[15] 袁天佑，吴文伟，王清.无机化学实验.上海：华东理工大学出版社，2005.
[16] 刘汉标，石建新，邹小勇.基础化学实验.北京：科学出版社，2008.
[17] 大连理工大学无机化学教研室，无机化学实验.2版.北京：高等教育出版社，2006.
[18] 中山大学，等.无机化学实验.4版.北京：高等教育出版社，2019.
[19] 武汉大学化学与分子科学学院实验中心.分析化学实验.武汉：武汉大学出版社，2003.
[20] 韩福芹.无机化学实验.北京：化学工业出版社，2019.
[21] GB/T 1914—2017.化学分析滤纸.
[22] Coplen T B，Holden N E，Wieser M E，et al. Table of standard atomic weights of the elements 2015. U. S. Geological survey data release，2017.
[23] 孟长功.基础化学实验.3版.北京：高等教育出版社，2019.
[24] 崔爱莉.基础无机化学实验.北京：清华大学出版社，2018.
[25] GB/T 37885—2019.化学试剂分类.
[26] GB 15346—2012.化学试剂包装及标志.
[27] 孙尔康，张剑容.分析化学实验.3版.南京：南京大学出版社，2020.